计算机技术开发与应用丛书

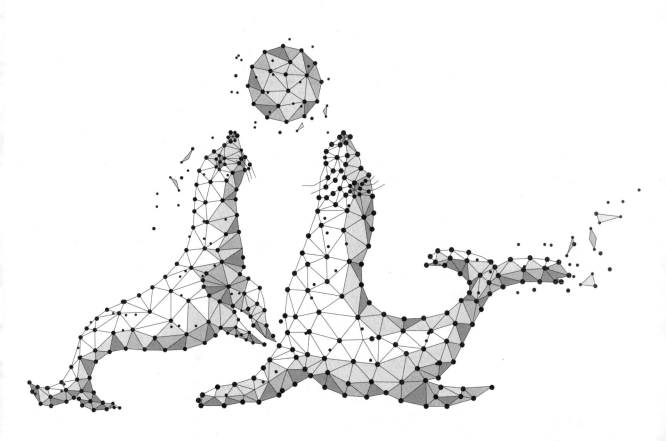

跟我一起学uni-app
从零基础到项目上线 微课视频版

陈斯佳 ◎ 编著

清華大學出版社

北京

内 容 简 介

本书主要围绕着 uni-app 由何而来、解决了什么问题、如何使用这 3 个问题深入浅出地剖析了 uni-app 中的知识要点。

本书分 4 篇共 12 章。预热篇(第 1～3 章)通过与 Vue.js、小程序、HTML5 等技术对比并通过 HBuilder X 创建、运行、调试第 1 个模板项目初步讲解 uni-app,感受其开发效率及跨平台的能力。客户端篇(第 4～6 章)从零开始,以页面设计作为起点,并结合 uni-app 相关技术点完成客户端的开发及相关知识点的讲解。服务器端篇(第 7～10 章),第 7～9 章通过自建服务、云服务和开放服务这 3 种不同的服务调用及构建方式,结合 uni-app 技术完成客户端与服务器端之间的通信及相关知识点的讲解;第 10 章作为服务能力的扩充,简单介绍了与爬虫相关的知识与应用。项目上线篇(第 11 章和第 12 章)讲解了服务部署到云服务器,以及项目上线所需要做的工作。

本书适合想入门 uni-app 项目的初学者阅读,也适合具有一定经验的开发者作为参考书,还可作为高等院校和培训机构相关专业的教学辅导材料。

图书在版编目(CIP)数据

跟我一起学 uni-app:从零基础到项目上线:微课视频版/陈斯佳编著.—北京:清华大学出版社,2024.4
(2025.2重印)
　(计算机技术开发与应用丛书)
　ISBN 978-7-302-65968-6

　Ⅰ.①跟…　Ⅱ.①陈…　Ⅲ.①网页制作工具-程序设计　Ⅳ.①TP392.092.2

中国国家版本馆 CIP 数据核字(2024)第 068296 号

责任编辑:赵佳霓
封面设计:吴　刚
责任校对:时翠兰
责任印制:丛怀宇

出版发行:清华大学出版社
　　　网　　址:https://www.tup.com.cn,https://www.wqxuetang.com
　　　地　　址:北京清华大学学研大厦 A 座　　　邮　　编:100084
　　　社 总 机:010-83470000　　　邮　　购:010-62786544
　　　投稿与读者服务:010-62776969,c-service@tup.tsinghua.edu.cn
　　　质量反馈:010-62772015,zhiliang@tup.tsinghua.edu.cn
　　　课件下载:https://www.tup.com.cn,010-83470236
印 装 者:三河市天利华印刷装订有限公司
经　　销:全国新华书店
开　　本:186mm×240mm　　　印　　张:14.75　　　字　　数:348 千字
版　　次:2024 年 4 月第 1 版　　　印　　次:2025 年 2 月第 2 次印刷
印　　数:2001～3000
定　　价:59.00 元

产品编号:102891-01

前 言
PREFACE

uni-app 是一个使用 Vue.js 开发所有前端应用的框架,开发者只需编写一套代码,就可发布到 iOS、Android、Web(响应式)及各种小程序、快应用等多个平台。

由于 uni-app 借助了 Vue.js 和小程序的设计和生态,所以对于初学者而言,通过对比理解和学习将是最快的入门方式,所以本书除了介绍 uni-app 中常用的组件和 API,还涉及 HTML、CSS、Vue.js,以及小程序中的重要知识点,以此来帮助初学者快速了解 uni-app 技术的来龙去脉,并通过丰富的对比案例为读者介绍 uni-app 的技术细节及实现原理,还能够帮助初学者快速地建立 uni-app 的知识体系。

不仅如此,本书还以 uni-app 项目作为核心,以实际应用为目标,并以在项目研发过程中"遇到问题,解决问题"的方式让读者逐步学习 uni-app 的相关知识点,除了技术方面,书中内容还穿插一些笔者在实际构建软件及解决问题过程中的思考及感悟。本书摒弃了深奥难懂的复杂理论和拗口的术语,尽量以通俗易懂的语言让读者学习并掌握 uni-app 这门技术,并在各个章节配以相关的视频讲解和代码案例,希望每位读者能够随着作者的节奏,沉浸式地踏入这趟学习之旅,力求让初学者能通过这套课程掌握构建 uni-app 项目的基本思路与方法,并通过不断地练习与思考举一反三,最终能够使用 uni-app 构建出属于自己的软件。

本书主要内容

本书分为预热篇、客户端篇、服务器端篇、项目上线篇共 4 篇,配有大量的案例代码及图解说明。全书的主要内容如下:

预热篇(第 1~3 章),通过与 Vue.js、小程序、HTML5 等技术对比并通过 HBuilder X 创建、运行、调试第 1 个模板项目初步讲解 uni-app,感受其开发效率及跨平台的能力。该篇能够帮助开发者快速建立知识体系及熟悉 uni-app 对应的开发工具。

客户端篇(第 4~6 章),从原型设计开始,以页面设计作为起点,介绍 HTML、CSS 相关的知识点及应用,并结合 uni-app 相关的组件及 API 完成客户端页面的开发,为开发者介绍在 uni-app 项目开发中所需要的基本知识点。

服务器端篇(第 7~10 章),通过自建服务、云服务和开放服务这 3 种不同的服务调用及构建方式结合 uni-app 相关的组件及 API 完成客户端与服务器端之间的通信及调试工作。作为服务能力的扩充,最后会简单介绍与爬虫相关的知识与应用。通过本篇开发者将会掌握 uni-app 应用与其他应用间常用的通信方法。

项目上线篇(第 11 章和第 12 章),主要介绍云服务的相关概念,以及部署到云服务器的相关操作。通过本章开发者将会掌握服务器端部署的操作、Bash 脚本的编写及 HTTP 升级为 HTTPS 的操作和相关知识点。在掌握了这些知识之后相信各位读者一定会对使用 uni-app 框架开发应用软件有更加深刻的理解。

资源下载提示

素材(源码)等资源：扫描目录上方的二维码下载。

视频等资源：扫描封底的文泉云盘防盗码，再扫描书中相应章节的二维码，可以在线学习。

致谢

由衷地感谢清华大学出版社的编辑为本书提供的宝贵建议，并为图书出版付出的辛勤劳动。另外还要感谢笔者的家人尤其是妻子，在得知笔者要进行写作之后主动承担起了绝大部分家务并悉心照料刚出生不久的宝宝，使笔者能够全身心地投入写作之中。

由于笔者水平有限，而且 uni-app 技术发展日新月异，书中难免会有一些不完善的地方，请读者见谅，并提出宝贵意见。

陈斯佳

2024 年 2 月

目录
CONTENTS

本书源码及思维导图

预 热 篇

客 户 端 篇

项目上线篇

预 热 篇

第1章

初识 uni-app

首先通过 3 个问题来描述 uni-app。

1. 什么是 uni-app

6min

uni-app 是一个使用 Vue.js 开发所有前端应用的框架,开发者只需编写一套代码,即可发布到 iOS、Android、Web(响应式)及各种小程序(微信/支付宝/百度/头条/飞书/QQ/快手/钉钉/淘宝)、快应用等多个平台。uni-app 框架为开发者抹平了各端的差异,如果你想感受这种编写一次代码便可随处运行的开发效率,则 uni-app 将会是不错的选择。

2. 为什么选 uni-app

时至今日,uni-app 所属 DCloud 公司拥有 900 万开发者、数百万应用、12 亿手机端月活跃用户、数千款 uni-app 插件、70＋微信/QQ 群,这些数据足以显示其蓬勃的生命力和发展潜力。不仅如此,与其他跨平台框架相比,uni-app 在开发者数量、案例、跨端抹平度、扩展灵活性、性能体验、周边生态、学习成本、开发成本等 8 大关键指标上拥有更强的优势。

3. 如何学习 uni-app

无论各位读者之前有无实际研发的经验,笔者都希望每位读者能够借以此书掌握 uni-app 技术。不仅如此,秉承"授人以鱼,不如授人以渔"的理念,本书除了会分享与 uni-app 相关的开发技术,还会和读者分享一些应用软件的构建思路和方法,希望每位读者都能够通过阅读此书有所思,有所得。

1.1 互联网的发展简史

6min

本节会以互联网的发展历史作为引子来介绍 uni-app 这门技术在互联网的浪潮中是如何诞生的,以及如何发展的。也许在使用者眼中,技术可能只是用于生产的工具,但是在技术诞生的背后总会有一段段有温度的故事,一个个有温度的人。通过了解这些技术背后的故事能让读者从不同的维度去了解这门技术,这将有助于思维的成长。

1.1.1 互联网的诞生

第二次世界大战之后,美苏两极格局开始形成,两国二分天下,势必要角逐出资本主义阵营与社会主义阵营,在谁才是第一的背景下,伴随着两国之间不断进行的军事、经济、政治、科研等领域的较量,互联网早期的雏形便在此时期形成。

1957 年 10 月 4 号,第一颗人造卫星发射,引起了美国的注意,美国开始进行了一系列部署,其中之一就是建立了高级研究计划局,简称阿帕。

1969年,美国国防部委托阿帕进行联网研究。同年将加利福尼亚大学洛杉矶分校、斯坦福大学研究学院、加利福尼亚大学圣芭芭拉分校和犹他州大学的4台主要的计算机连接起来,实现了分组交换网络的远程通信。这次连接是新时代大门开启的声音。

当时阿帕网使用NCP,只能实现部分计算机间的连接,当越来越多的计算机加入阿帕网时,就会让发送信息的计算机很难定位目标计算机的位置,而且计算机无法纠错,一旦传输发生错误,网络就会断掉,从而导致传输失败。

1974年,温顿·瑟夫和罗伯特·卡恩提出的TCP/IP正式发表,NCP退出了历史舞台。TCP/IP简单来讲就是IP负责给互联网上每台计算机规定一个地址,相当于这台计算机的门牌号,而TCP负责传输,一旦有问题就发出信号,要求重新传输,直到将正确的数据完全传输为止。

TCP/IP的诞生同时促使了现代Internet的诞生,并且TCP/IP在网络联动方面确立了不可撼动的地位,基于TCP/IP极大地推动了互联网的发展。这就是早期互联网的发展史。互联网的创立是基于早期的军事需求,随着时间的推移,这项技术也逐步走向世界并应用到生活之中。

1.1.2　互联网发展四部曲

中国虽然不是最早一批接入互联网的国家,但是作为后起之秀,历经20多年的发展,如今中国已经从网络大国成长为了网络强国。

时间回到1987年,随着中国第一封"跨越长城,走向世界"的电子邮件发出,中国向互联网敞开了大门。1994年4月20日,中国正式接入国际互联网,当时接入的一条线是由Sprint公司提供的一条网速为64Kb/s的数据线。自此互联网在中国拉开了蓬勃发展的序幕。纵观整个互联网的发展历程,实际上就是人与人、人与物、物与物之间不断被服务化、数字化、智能化的一个过程。它就像一张不断漫延的网连接着世间万物,而互联网发展至今,在笔者看来主要经历了以下4个大的阶段。

(1)互联网1.0阶段:传统广告业向数据化转型。这个阶段也被称为只读互联网阶段。在这一阶段,互联网与传统广告业结合,传统广告业通过数据化被转换为数字经济。大量的广告服务类网站在此期间涌现,同时随着数据驱动商业的模式不断进化,出现了将数字广告做到了自动化的公司,例如谷歌。

(2)互联网2.0阶段:内容产业开始向数据化转型,这个阶段也称为可读写互联网阶段。在这一阶段,内容产业完成数据化改造。在此阶段互联网出现了最具其时代代表性的平台,如维基百科。自此人们除了可以从互联网上获取信息,任何人也可以作为信息的贡献者。各种博客网站及社区网站在此期间涌现,紧接着微博和人人网这类平台开始流行,数字化内容开始接替传统内容,并形成了新的内容形态。

(3)移动互联网阶段:生活服务业数据化。在这一阶段,移动互联网对绝大多数的生活服务业进行了数据化改造。在此期间人们可以畅快地享受移动互联网提供的订餐、出行、保洁等服务,而其中最具代表的就是出行这一领域,本地生活服务业在经过数据化改造之后,出现了像滴滴出行这样的平台。实际上,滴滴出行就是一套数据模型,依托自身的大数据平台,为用户提供一系列多样化的服务。与之相对应的各类 App 平台,在此期间大量涌现。现在,只要有手机和网络,即使长期不出门也能正常生活。饿了就叫外卖、缺什么就网购、家里脏了就叫保洁上门服务……所有的需求都能使用手机 App,可以说移动互联网给人们的生活方式带来了深刻变化。

(4) 万联网阶段:前 3 个阶段,互联网的主题都是人。围绕着人发展的互联网,也可称为人联网。接下来的问题是,既然人都联网了,那么物品能联网么?大到一把椅子,小到一本书,一幅画……它们需要联网吗?需要被数字化吗?答案是肯定的,例如一把座椅,在现在看来它只是用来坐的工具,在未来,它可能会通过收集使用者当前的身体数据并适时地调整其形态来维护使用者的健康状况。不仅如此,它还能将当前的数据投放到别的椅子上,使别的椅子能够继续它的使命。在这些物品完成数据化改造之后,数据就成为可以突破时空限制的一种数据孪生体。由此,它从一个单纯的工具变成了可交互的物件,一个没有生命的座椅,就被赋予了"生命"。

1.1.3　狂飙下的移动互联网

移动互联网的高速发展虽然为日常生活带来了极大的便利,但同时在移动互联网高速发展下所带来的一些问题也日益凸显。

1. 多端泛乱

在早些时候作为移动开发者只用考虑程序是要发布在 Android 端还是 iOS 端,但是现在情况变了,这是一个多端泛滥的时代,除了原有的 Android、iOS、HTML5、小程序平台,现在支付宝、百度、淘宝、今日头条这些超级 App 等都陆续发布了自己的小程序和快应用规范,用户被众多平台分散,为了覆盖更多的用户,开发者往往需要投入更多时间和精力进行学习、适配和维护多套程序。

2. 动态需求

当需求发生变化时,原生应用需要通过版本升级来更新内容,但应用上架、审核是需要一定的周期的,这个周期对高速变化的移动互联网来讲是难以接受的,所以,应用动态化发布的需求就变得迫在眉睫。

3. 成本问题

原生开发一般要有 Android、iOS 两个开发团队,当版本迭代时,无论人力成本还是测试成本都会成倍增加,所以站在公司的角度来讲他们需要一个通用的解决方案来降低成本。

不过正所谓时势造英雄,而正是在这样的时代背景下,各类跨平台框架应运而生。现在来回顾这场技术革命,是如何开始的,又将要去向何方。

1.2　uni-app 简介

本节将结合当时中国移动互联网的时代背景简述跨平台框架是如何诞生并演变的,并对目前的主流跨平台框架与 uni-app 进行分析对比。

1.2.1　小程序时代

让时光重新回溯到 2007 年:HTML5 在万维网联盟(World Wide Web Consortium,

4min

W3C)立项,与 iPhone 的发布同年。乔布斯曾期待 HTML5 能帮助 iPhone 打造起应用生态系统,但事与愿违,HTML5 的发展速度不尽如人意,它虽然成功地实现了打破 IE(Internet Explorer)+Flash 垄断局面的目标,但却没有达到能够较好地承载移动互联网体验的地步。于是在 iPhone 站稳脚跟后,苹果公司发布了自己的 App Store,从此移动互联网的原生应用时代便开启了。随后由谷歌公司和开放手机联盟(Open Handset Alliance,OHA)合作研发的 Android 系统,依靠着 Java 技术生态,也在这场竞争中脱颖而出。于是在移动互联网初期,应用生态被确定了基调:原生开发。在那个时候,硬件跟不上,原生开发的应用只能在低配硬件上运行,而 HTML5 那种无须安装更新、即点即用的体验依旧有着它的优势。

于是,国内有一批做浏览器的厂商,尝试去改进 HTML5,他们提出了轻应用的概念。通过给 WebView(WebView 用于浏览器网页视图的处理。它也可以内嵌在移动端,实现前端的混合式开发,大多数混合式开发框架是基于 WebView 模式进行二次开发的)扩展原生能力,补充 JavaScript 应用程序接口(Application Programming Interface,API),让 HTML5 应用可以覆盖到更多的场景,但是随着业务体量的增加,HTML5 的问题也暴露了出来,HTML5 不仅在功能上有所不足,其性能是它更严重的问题,而这些问题,已经不是简单地扩展 JavaScript API 能解决的了,其中最具代表性的解决方案就是微信的 JavaScript SDK(Software Development Kit,软件开发包)。微信为它的浏览器内核扩充了大量 JavaScript API 来提高性能及增强用户体验,但是这套解决方案是治标不治本的,于是微信团队开始在业内寻找新的解决方案。

于是 Hybrid App 出现了,它是介于 Web App、Native App 之间的应用程序。Hybrid App 可以结合本地设备的功能和能力,如使用相机、传感器和地理位置等。通过插件或原生 API 的调用,以此来获得与 Native App 相似的功能和用户体验,同时 Hybrid App 也兼具了 Web App 使用 HTML5 跨平台开发低成本的优势。它为开发者提供了使用 JavaScript 编写跨平台应用的工具。为了让 JavaScript 编写的应用更接近原生应用的功能体验,这个行业的从业者做出了很多尝试,而 DCloud 即是其中之一,DCloud 团队首先提出了改进 HTML5 的解决方案:通过工具、引擎优化、开发模式的调整,让开发者可以通过 JavaScript 写出更接近原生 App 体验的应用,随着各种优化技术不停地迭代,终于让 Hybrid App 取得了性能上的重大突破。

从架构设计层面上来看,Hybrid App 采用的是 Browser/Server 架构模式,而轻应用采用的是 Client/Server 架构模式。Hybrid App 是 JavaScript 编写的需要安装的 App,而轻应用则是在线网页。Client/Server 的应用在每次页面加载时,仅需要联网获取 JSON 数据,而 Browser/Server 应用除了需要获取 JSON 数据外,还需要每次从服务器加载页面文档对象模型(Document Object Mode,DOM)、样式、逻辑代码,所以 Browser/Server 应用的页面加载慢,体验差,但是从另一方面 Client/Server 应用虽然体验好,但却失去了 HTML5 的动态性。那么 Client/Server 应用的动态性问题是否可以解决呢?对此,DCloud 团队再进一步提出了流应用的概念:通过把之前 Hybrid App 里运行于客户端的 JavaScript 代码,先打包发布到服务器,并通过制定流式加载协议让手机端引擎动态地将这些 JavaScript 代码下载到本地,并且为了让第 1 次加载速度更快,流应用还实现了边下载边运行的功能,就像流媒体的边下载边播放一样,应用也可以实现边用边下。在这套方案的加持下,终于解决了之前的各种难题。

2015 年,360 公司和 DCloud 合作,在 360 手机助手里内嵌了这个客户端引擎,推出了业内第 1 个商用的小程序,360 公司将其称为 360 微应用。微应用实现了在 360 手机助手的应用下载页面,同时出现了"秒开"按钮,单击后可直接使用,并且在 360 手机助手的扫码中和应用的分享中实现了扫码获得一个应用及单击分享消息获得一个应用的功能。该应用的页面截图如图 1-1 所示。

图 1-1 DCloud 流应用

时代的浪潮再一次涌动,随后微信团队也投身到这场浪潮之中,并于 2016 年初决定上线小程序业务,但其没有接入联盟标准,而是制定了自己的标准。另外,DCloud 持续在业内普及小程序理念,推进各大流量巨头,包括手机厂商,陆续上线类似小程序/快应用等业务。部分公司接入了联盟标准,但更多公司因利益纷争严重,标准难以统一。为了做大生态,DCloud 把这套技术标准捐献给了 HTML5 中国产业联盟,随后,HTML5 中国产业联盟开始推动更多的超级 App 和手机厂商加入,共同推进动态 App 产业的发展。

然而事情并不顺利,巨头们有自己的利益诉求。虽然有一批厂商同意加入 HTML5 中国产业联盟共建生态,但最关键的角色,真正的国民应用"微信",最终决定自立标准、自研引擎,当然技术原理与流应用是基本一致的。

2016 年 9 月 21 日,微信宣布将应用号更名为小程序,面向首批开发者内测。从此,"小程序"成为这个时代的代名词,而"流应用""微应用"则淹没在历史长河中,成为一个令人唏嘘的故事。

1.2.2 跨平台框架进化史

这个时代选择了小程序,但是小程序的发展依旧面临着诸多问题,小程序丢弃了国际标准组织 W3C 的 DOM 标准,仅仅采用基础 Java。这意味着 HTML5 生态的各种轮子无法复用,而要完全重造一个新的小程序开发生态绝非易事。当初微信推广 JavaScript SDK 时,是那么顺其自然,因为对于开发者而言,只是在原有的 HTML5 版本上补充一些 API 而已,而最初的微信小程序,一片荒蛮,一份文档 ＋ 一个难用的开发者工具,并且不支持很多效率工具,例如节点软件包管理器(Node Package Manager,NPM)、CSS 预处理器等,而这些已经是大型项目离不开的工具,所以当时的开发者不禁要质疑,小程序是否能够构建起足够大的生态来支撑开发者的投入。另外,微信用持续而快速的版本升级、高管的站台,告诉广大开发者微信是铁了

3min

心要做小程序了,并最终通过 2017 年底的跳一跳引爆了小程序。从此广大开发者的问题不再是我要不要做小程序了,反而转为既然要做,怎么才能提升小程序的开发效率、降低开发成本。

微信的全新标准的出现无疑是把开发者拉到了原始社会,一切都要重来。这在当时看来并不是一个必然会成功的事情,当然时至今日,再来讨论这个选择的对错已经没有意义。当支付宝、百度、今日头条都开始参考这个标准做小程序时,时代的浪潮已经不可阻挡。所幸,最终的结果是,中国人做成了。在国际标准之外,在中国也建立起了自己的技术生态,并且这个生态给用户带来了更好的体验,给开发者带来了更多流量,并且提升了变现效率。时间证明了这是一个比 HTML5 更优秀的生态。

再来看一看小程序的技术生态是如何快速成长的,而在笔者看来任何一种技术,或者开发模式的演进,在不断成熟的过程中都会遵循着如图 1-2 所示的规律。

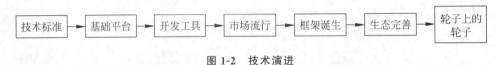

图 1-2　技术演进

例如 Vue. js 是一个主流框架,而基于 Vue. js 框架的各种用户界面(User Interface,UI)库、测试框架,则可以称为轮子上的轮子。轮子越多代表着它的生态越繁荣,也意味着使用该框架开发的效率更高。在现代 Web 开发环境下,各种轮子已经非常成熟,原生的 JavaScript 已经很少会被编写,开发人员大量使用 Vue. js 等框架,并且在 Vue. js 的基础上,又有更多提升效率的工具,但在当时,中国的开发者需要从头开始建立自己的生态,既然时代已不可阻挡,那就拥抱它。勤劳的中国开发者开始建设起了小程序各种周边技术生态,而在这其中比较重要的是开发框架的迭代。

于是,第 1 个标志性的框架出现了:WePY,WePY 有效地解决了小程序不支持 NPM、CSS 预处理器的痛点。不过由于 WePY 框架是基于小程序 API 的封装来提高开发效率的,所以它也使用了私有语法,这让它在生态建设上面临着很多困难。于是,开发者开始思考,有什么更好的方式,可以复用现有技术生态来快速完善小程序生态?这时下一个重要框架借势诞生了,美团前端在 2018 年初开源了 MPVue。MPVue 采用了 Vue. js 语法来开发小程序,通过对 Vue. js 的底层改造,实现了编译到微信小程序。由于 MPVue 很好地借助了 Vue. js 的技术生态,MPVue 的周边工具(如编辑器、校验器、格式化等)支持直接复用,人员招聘及培训等生态建设压力大幅下降,因此受到了大量开发者的追捧。

看着熟悉 Vue. js 的开发者有了趁手的轮子,那熟悉 React Native 的开发者怎会无动于衷?京东团队是 React 的重度用户,还自研了 JDreact,于是他们开发了 Taro 框架,一款基于 React 语法编写的小程序框架,但 Taro 并不是想简单地做一个 MPVue 在 React 世界里的翻版,Taro 相比 MPVue,想要解决更多重要的问题。Taro 面世较晚,此时微信、支付宝、百度、今日头条都已发布或宣传了自己的小程序,开发者面临一个多端开发和适配的问题。于是 Taro 率先支持多端开发。当时小程序领域还有一个重要变化,微信开始支持小程序自定义组件。组件是一个成熟框架不可或缺的东西,不管是 Vue. js 还是 React Native 都有丰富的组件生态。在过去,MPVue 的时代,是把 Vue. js 组件也编译成页面模板,这带来一个很大的性能问题,在复杂页面里(例如长列表)使用组件,更新组件状态会导致整个页面的数据全部从 JavaScript 逻辑层向视图层通信一次,如果有大量数据进行了通信就会非常卡顿。

于是 Taro 把 React Native 组件编译为新出的微信小程序自定义组件,通过这种方式在数据更新时,Taro 只会更新组件内部的数据,而不是整个页面全量更新,从而大幅减少了数据通信量。这一轮的后浪推前浪很猛,Taro 在性能和多端支持上都超越了 MPVue。

看着 React Native 阵营取得如此成绩,Vue.js 阵营自然会继续追击。

当人们真正注意到你时,不是第一眼看到你站在那里,而是发现过了这么久你居然还在那里。DCloud 的流应用虽然被淹没在历史的浪潮中,但作为行业的先行者它依然有着自己的坚持:技术是纯粹的,不应该因为商业利益而分裂。开发者面对如此多的私有标准不是一件正确的事。于是 DCloud 团队决定开发一个免费开源的框架。既然各巨头无法在标准上达成一致,那么就通过这个框架为开发者抹平各平台的差异。

于是,uni-app 出现了,基于前辈们的经验,它实现了自定义组件编译模式,并在算法上做了很多优化。另外,之前的 MPVue 对 Vue.js 的语法支持度不太完善,例如对过滤器等不支持,这些都在 uni-app 中得到了解决。同样,uni-app 也看到了前浪的其他问题:Taro 虽然迈出了开发跨端应用的第 1 步,但其对多端支持的能力比较弱,每个平台仍然需要各自开发大量代码。其核心原因在于 Taro 框架在 HTML5 端使用了 React 作为底层框架,并利用了 Web 技术栈(HTML、CSS 和 JavaScript)来构建应用程序。它通过编译和转换生成符合各个浏览器标准的代码,以在不同的浏览器中运行,而在 App 端,Taro 使用了多个不同的原生框架,如 React Native、微信小程序、支付宝小程序等,以实现跨平台的开发。这些原生框架在底层实现上存在差异,因此可能会导致一些功能在不同平台上的表现不一致,所以 Taro 在 HTML5 端和 App 端并不是一个完整的小程序技术架构,无法保持最大程度的统一。而 uni-app 在 App 端,使用了一个技术架构相同的小程序引擎,其本身就可以直接运行小程序应用,并将这个引擎搭配小程序代码打包为 App,开发者无须编写额外代码,并且支持同时发布到小程序和 App 平台。当然,由于该 App 引擎由 Hybrid App 演变而来,所以它所提供的 API 要比原生的小程序丰富很多,除此之外它还支持把 WebView 渲染引擎替换为 Weex 渲染引擎以应对不同的场景。

而 uni-app 发展至今已经是业内最风靡的应用框架,支撑着 12 亿活跃手机用户的庞大生态。历经了小程序时代的洗礼,DCloud 团队依旧恪守初心:世界兜兜转转,当你踏出第 1 步时,随后很多事不会按你的预期发展,但只要你不忘初心,你想要的那个目标,最终会换种方式实现。

1.2.3 跨平台框架之争

uni,读 youni,是统一的意思,但是一统之路又谈何容易?现在就以目前最流行的 Flutter、React Native 与 uni-app 框架从性能分析、动态性支持、学习成本、生态建设、跨平台能力方面进行详细的分析对比,来看一看 uni-app 是如何在这场斗争中脱颖而出的。

1. 性能分析与开发方式对比

首先登场的是 Flutter,作为谷歌公司出品的开发工具,Flutter 背后的实力是毋庸置疑的。Flutter 是谷歌公司为 Fuchsia 操作系统设计的应用开发方式,而 Fuchsia 操作系统的战略目标是兼容廉价的联网设备,并要求对硬件的消耗降低,为下一个万物互联的时代做好准备。

Fuchsia 操作系统使用了 Dart 语言＋Flutter 界面库的方式进行开发。从设计上来看,这套方案的性能确实够高。Dart 虽然属于前端范畴,但它和 Java 这类后端语言一样,属于强类型语言,这让 Dart 虚拟机可以做很多优化,让其在运行和编译方面的速度都超过了 JavaScript,而 Flutter 作为界面库,它唯一需要做的事情就是渲染界面。与 HTML5 不同,Flutter 界面库是一个纯排版引擎,它用于绘制文字、按钮、图片等常用界面控件。

虽然 Flutter 有性能优势,但是在性能提升的同时也带来了一些问题。Flutter 所提供的布局写法是被限制过的,所以它解析快,渲染快,以这种方式来提升性能的代价就是当布局复杂的界面时 Flutter 的代码嵌套让人崩溃。

举个例子,同样的界面,使用 HTML 实现的代码如下:

```html
//第 1 章/demoPage.html
< html >
    < div class = "bluebox">
        < div class = "redbox">
        smaple
        </div >
    </div >
</html >
< style >
    .bluebox {
        display: flex;
        align - items: center;
        justify - content: center;
        background - color: blue; /＊背景色为蓝色＊/
        width: 320px;
        height: 240px;
        font: 18px
    }
    .redbox {
        background - color: red; /＊背景色为红色＊/
        padding: 16px;
        color: ♯ffffff
    }
</style >
```

而使用 Flutter 实现的代码如下:

```dart
//第 1 章/demoPage.dart
import 'package:flutter/material.dart';
void main() {
    runApp(const MyApp());
}
class MyApp extends StatelessWidget {
 const MyApp({super.key});
 //This widget is the root of your application.
 @override
 Widget build(BuildContext context) {
  return MaterialApp(
      title: 'Flutter Demo',
      home: Scaffold(
        appBar: AppBar(
```

```
        title: Text("Flutter Demo"),
      ),
      body: Container(
        child: new Center(
          //在 Container 中还要在嵌套一层 Container
          child: Container(
            child: new Text('sample text',
              style: TextStyle(fontSize: 18, color: Colors.white)),

            decoration: BoxDecoration(color: Colors.red),
            padding: const EdgeInsets.all(16.0),
          ),
        ),
        width: 320,
        height: 240,
        color: Colors.blue,
      )));
  }
}
```

可以看出,Flutter 没有样式(style 标签),也没有表现 HTML 层叠样式表(Cascading Style Sheets,CSS)属性,它们全部由 Dart 语言进行编写。它的界面控件也是用 Dart 代码编写的,而每个控件的样式,是在新建对象的同时设置类似 JSON 格式的参数实现的,如果页面需要嵌套布局,就要在原来的基础上使用 Dart 写子布局,同时使用 Dart 在子布局中设置样式参数。在实际开发中,DOM 往往是嵌套多层的,所以很多开发者都诟病 Dart 是"嵌套地狱"。简单来讲,Flutter 这种处理方式,好比一个只有 JavaScript,而没有 HTML 和 CSS 的浏览器。开发者需要用 JavaScript 来创建元素,同时使用 JavaScript 的样式方法来给每个元素设置样式,没有 HTML 和 CSS 代码,所有的元素都通过 JavaScript 来创建并进行控制。虽然作为开发者只用 Dart 语言就可以完成页面的开发,但是现代的前端开发模式都已经发展到各种 MVC 等视图逻辑分离的架构了,也有了 Vue.js 这种组件化的开发模式以方便用各种轮子快速完成界面,这种开发模式无疑看起来有些另类。

浏览器的 HTML 提供了样式分离的写法,并且有各种各样的 CSS 选择器,但其实这也是有代价的。它导致 WebView 初始化时要同时启动 Webkit 排版引擎来解析这些 HTML、CSS 代码,同时还要启动一个 JavaScript 引擎(例如 V8 或 JSCore)来解析其中的 JavaScript,所以从解析效率上,Flutter 肯定比基于 WebView 研发出的框架要高,但从编码的灵活性上,Flutter 略逊一筹,Flutter 的性能高,除了其布局写法简单严格外,还有一个优势,就是 Flutter 的逻辑层与视图层统一,它们运行在同一套 Dart 虚拟机下,而对于 React Native 及 uni-app 的 Nvue(Native Vue 的缩写,uni-app 在 App 端内置了一个基于 Weex 改进的原生渲染引擎,使用 Nvue 开发的页面可以拥有原生渲染能力),同为原生渲染,虽然它们的性能高于 WebView,但是它们还是要慢于 Flutter,而慢的原因不是渲染慢,而是 JavaScript 引擎(逻辑层)和原生(客户端)之间的通信慢。

React Native 及 uni-app 的 Nvue 都采用了独立的 JavaScript 引擎,而 React Native、uni-app 的 JavaScript 引擎和原生渲染层是两个运行环境。所以当 JavaScript 引擎获取数据后,通

知原生视图层更新界面时,存在一个跨环境的通信折损。

为了更加清晰地描述通信折损的触发原理,下面通过一个场景进行详细介绍。例如小程序的运行环境分为逻辑层和视图层,它们分别由两个线程管理,小程序在视图层与逻辑层两个线程之间提供了数据传输和事件系统,这样的设计一方面提高了系统的安全性,另一方面也提升了性能和用户体验,因为基于这种逻辑和视图的分离设计,即使在业务逻辑计算非常繁忙的情况下,系统也不会阻塞渲染和用户在视图层上的交互。

但是这样的设计同时也引入了一些问题,(基于 WebView 开发的)视图层中不能运行 JavaScript,而逻辑层 JavaScript 又无法直接修改页面 DOM,数据更新及事件系统只能靠线程间通信,但跨线程通信是有成本的,在频繁通信的场景下体验就会很差。例如一次 touchmove 的操作,在小程序内部的响应过程如下:

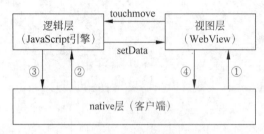

图 1-3　通信折损

用户拖动列表项,视图层触发 touchmove 事件(手指在屏幕上滑动时连续地触发事件),经 Native 层(微信客户端)中转通知逻辑层(逻辑层、视图层无法直接通信,需 Native 中转),如图 1-3 中的①、②两步;逻辑层计算需移动的位置,然后通过 setData 将位置数据传递到视图层,中间同样会由 Native 层(微信客户端)做中转,如图 1-3 中的③、④两步。一次 touchmove 动作回调都需要经历 4 个步骤的通信,如果 touchmove 的触发非常频繁,则极有可能导致页面卡顿或抖动。同样地,当用户在屏幕上操作原生视图层时,要给 JavaScript 引擎发送通知,这也会产生通信折损。不过这种性能差别,在大多数场景中,用户是感受不到的。

为了解决这种通信阻塞的问题,各家小程序都在逐步提供对应的解决方案,例如微信的 WXS、支付宝的 SJS、百度的 Filter,但每家小程序的支持情况不同,见表 1-1。

表 1-1　各小程序平台通信阻塞解决方案

小程序平台	解决方案	支持功能
微信小程序	WXS/关键帧动画	支持过滤器,支持事件监听
支付宝小程序	SJS	不支持事件监听,可实现过滤器
百度小程序	Filter/Loittle	不支持时间监听,可实现过滤器

总体来讲,这类解决方案的核心在于:让 UI 交互逻辑在视图层执行,这样能避免原生层与逻辑层频繁地进行通信,而 Weex 更进一步,提出了 BindingX 解决方案,它可以预定义规则,让用户界面在原生层交互时通过预定义规则直接响应,而无须传递给逻辑层。在需要短时间内来回通信的场景中,可以使用 BindingX 这类解决方案。

在 uni-app 中,Nvue 页面可以直接使用 BindingX,而在 App 端 uni-app 同样面临通信阻塞的问题,目前的解决方案是类似微信 WXS 的机制,其完全可以达到 Flutter 的性能。对于 Flutter 而言,它只有一个 Dart 引擎,没有来回通信产生的性能问题。不过任何事情都是有利有弊的,Flutter 在普通的界面绘制上效率虽然高,但一旦涉及原生的界面,反而会遇到更多问题。性能好,有所取必然有所舍。React Native 调用原生渲染的性能和 Flutter 的渲染性能,在用户体验上并没有明显区别,在很多场景下,和 WebView 渲染的小程序也没有明显区别,React Native /Weex/uni-app 在通信阻塞方面的解决方案见表 1-2。

表 1-2 跨端框架通信阻塞通用解决方案

跨端框架	解 决 方 案	支 持 功 能
React Native	Loittle /Animated	无法满足复杂交互,可编程性弱
Weex	BindingX	Expression Binding,可编程性中
uni-app	Renderjs	基于 WSX,功能更强,可编程性强

2.动态性

除了 Flutter,React Native 与 uni-app 都支持动态热更新。

WebView、React Native 都支撑远程动态载入 JavaScript 代码,更新本地的 JavaScript 代码,因为 Flutter 有编译优化的概念,如果让它提供动态性支持,则势必会影响到它的性能,有些开发者为了解决 Flutter 动态性的问题,改造了 Flutter,采用独立的 V8 或者 JSCore 引擎来动态地加载 JavaScript 代码,但是这样处理后 Flutter 本来没有跨环境通信的问题,结果这样处理了后又加了一个 JavaScript 引擎进来,从而产生了进程通信的问题,造成性能下降,而且还把包体积增加了很多,可谓得不偿失。

3.学习成本与难度

React Native 要求开发者学习 React. js,并且精通 Flex 布局,还需要原生开发协作。Flutter 要求开发者学习 Dart,了解 Dart 和 Flutter 的 API,既需要精通 Flex 布局,也需要原生开发协作,而 uni-app 要求开发者学习 Vue. js,了解小程序。很明显 uni-app 的学习成本相对较低,它没有附加专有技术,全部使用现有的主流技术,并且 Dart 未来会如何发展,它究竟值不值得学,也是一个问题。

4.生态

发明及创造新的技术框架不是件容易的事情,但是这还不是最难的。最难的是建立生态。对于国内的开发者,有很多独特的 SDK,开发者需要全端推送,还要接入微信、阿里巴巴、微博等各种登录、支付、分享 SDK,以及各种地图、UI 库及 Echart 图表等,而在 uni-app 体系里,这方面的生态比 React Native、Flutter 丰富多了。uni-app 的插件市场有数千款插件,不能说应有尽有,但确实是最丰富的跨端开发框架生态了。另外,uni-app 的生态还比其他框架强在以下方面:

(1) App 和 HTML5 提供了 Render. js 技术,这使浏览器专用的库也可以在 App 和 HTML5 里使用,例如常用的 Echart、Threejs 等。

(2) 兼容微信小程序的 JavaScript SDK,丰富的小程序生态内容可直接引入 uni-app,并且在 App 侧通用。

(3) 兼容微信小程序自定义组件,并且 App、H5 侧通用。

当然,这些优势得益于中国小程序的繁荣生态,可以说这是中国开发者自己建立起的生态,而这些都是 React Native 和 Flutter 所无法复制的。

5.跨端能力对比

uni-app 的 Web 端所包含的能力是非常完善的,其能力也都可以跨端使用,风格也是跨端

风格,其具体的优势如下:

(1) uni-app 的 Web 引擎体积只有 100KB,压缩过后只有将近 30KB,比其他工具的引擎体积要小得多。

(2) uni-app 的 Web 端是现今为数不多的好用的响应式框架。

(3) uni-app 的 Web 端支持服务器端渲染(Server-Side Rendering,SSR)。

而上面这些优势,Flutter 的 Web 端是不具备的。当然 React Native 的 Web 端也可以实现这些功能,但是它的代码重用度比 uni-app 要低。

另外,中国离不开小程序,React Native、Flutter 官方都不会支持小程序,由于架构差异太大,国内的第三方也做不到把 React Native 代码良好地编译为小程序代码,而 uni-app 则可以用一套代码,同时编译为 iOS、Android、Web、微信小程序、支付宝小程序、百度小程序、今日头条小程序、QQ 小程序、京东小程序、快手小程序等,uni-app 功能架构如图 1-4 所示。

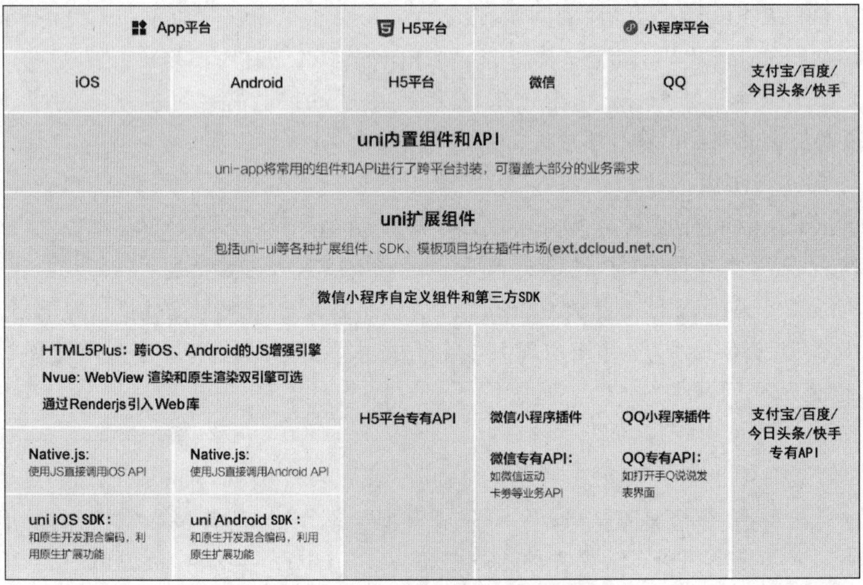

图 1-4　uni-app 功能架构

6. 总结

Flutter 诞生的使命,是为了 Fuchsia OS,是为了在下一个互联网大潮,即万物互联的物联网年代,提供一个类似 Android 在移动互联网位置的垄断性操作系统。因为谷歌公司已经很明确地表示不会在下一个时代使用 Android+Java 的路线了,而跨 iOS 和 Android 平台也不是谷歌公司的战略目标。另外,万物互联何时到来? Fuchsia OS 何时流行? 这在现实中还是一个问号,这也意味着 Flutter 不可能在短时间内获取足够多的内部资源和外部助力去完善它自身,而一种语言、框架、技术的流行,不是一件简单的事情,它需要天时、地利、人和。

想靠 Flutter 驱动 Dart 流行在目前来看也是难以实现的。跨 iOS、Android 开发在国外不是主流市场,靠着这点价值来驱动 Dart 构建出完善的生态也不太现实,而且作为一个跨平台公司,应当是中立的,而 Flutter 在这个位置上很尴尬,它是谷歌公司出品的同时跨 iOS 和

Android 的开发引擎。如果这个引擎做大了,则苹果公司会无动于衷吗?至少苹果公司不会让 Flutter 在 iOS 上做大的,而且苹果公司也有政策,iOS 的 WebView 只能用苹果公司的 UIWebView 和 WKWebView,JavaScript 引擎只能用苹果公司的 JSCore,这一切都是为了限制 Chrome 和 V8 进入 iOS 生态,但谷歌公司钻了个政策漏洞,在 iOS 上提供了 Dart 引擎和 Skia 渲染引擎,这不算违反之前的政策,但未来 Flutter 真地做大了,苹果公司肯定不会坐视不管。至于 React Native 和 uni-app,因为在使用 iOS 自带的原生渲染和 iOS 的 JSCore,符合苹果公司的政策,不存在利益冲突。

目前,Flutter 在国内一些大厂的原生 App 里得到了局部应用。这些应用场景,不是为了节省成本,虽然 Flutter 开发成本很高,生态也不完善,但因为性能高,有一些公司会在原生 App 里的部分页面使用 Flutter 制作。Flutter 页面无法动态更新,也极大地限制了其场景的应用,有些厂商改造了 Flutter 使其可动态发布,但又降低了 Flutter 的性能,到目前还没有一个完美的解决方案。

最后总结一下 uni-app、Flutter、React Native 这 3 种框架的比较,见表 1-3。

表 1-3 跨端框架总体对比

框　　架	uni-app	React Native	Flutter
公司	DCloud	Facebook	Google
发布时间	2015 年	2015 年	2018 年
GitHubStars	38 000	109 000	153 000
issue	1000 开启,2800 关闭	1700 开启,22 600 关闭	11 300 开启,70 500 关闭
源代码贡献人数	201	2510	1235
跨端能力	跨端能力强大,能比较完美地一键发布到国内各大平台	略低于 uni-app,需要原生协作	理论上性能最强,但有代码嵌套,不支持动态性等问题,框架整体成熟度不如前两者
动态性	支持热更新	支持热更新	不支持热更新
学习难度	要求开发者学习 Vue.js,了解小程序	要求开发者学习 React Native,要求精通 Flex 布局,要求原生开发协作	要求开发者学习 Dart,了解 Dart 和 Flutter 的 API,要求精通 Flex 布局,要求原生开发协作,学习成本最高
生态	国内占有率最高,插件丰富	生态丰富,但是国内生态不如 uni-app	成熟度较低,应用场景有限

再来看表 1-4 中 uni-app、Flutter、React Native 的百度搜索指数对比,可以看到 React Native 无论总体量的差距,还是搜索热度都呈现下滑的趋势,可以明显地看出 React 系在国内的热度已经在走下坡路了。

表 1-4 百度搜索指数概览

关键词	整体日均值	移动日均值	整体同比/%	整体环比/%	移动同比/%	移动环比/%
uni-app	5484	683	−5	35	−2	44
Flutter	2150	860	−4	23	−2	28
React Native	739	150	−7	22	−1	22

　　从上述数据和对比分析不难得出这样一个结论：React Native 正在成为过去或许会成为历史。Flutter 代表未来，但是未来究竟何时到来？而 uni-app 则代表着现在，而把握现在或许是最好的选择。

1.3　本章小结

　　本章首先从互联网的发展历史出发，详细介绍了互联网发展的 4 个阶段，并由移动互联网高速发展所带来的问题，从而引出跨平台框架的诞生，通过了解这些历史，相信读者已经对 uni-app 诞生的契机及历史有所了解。最后通过对比目前的几大主流跨平台框架，介绍了使用 uni-app 框架开发的优势。虽然本章讲述的大多是发展历史和理论，但是通过了解这些发展历史和理论将会对后面章节的学习大有裨益。

第 2 章

创建 uni-app

本章将通过介绍目标案例项目让各位读者对于目标结果及案例项目中所涉及的技术先有一个大致的了解,之后会介绍 uni-app 的开发工具 HBuilder X,并会介绍如何通过该工具创建出第 1 个 uni-app 项目。之后会解读 uni-app 项目中各个目录和全局文件的具体作用。最后介绍 uni-app 中的模板编译流程。

2.1 案例项目简介

在案例项目中会着重介绍 uni-app 中的常用 API 和核心概念,并会将其实现细节及实现原理以通俗易懂的方式进行讲解。希望读者能够通过学习案例项目快速地掌握 uni-app 的开发技巧,在后续的章节中还会介绍 uni-app 作为客户端如何与服务器端进行通信,所以在后面的章节中会涉及一些服务器端的知识。不过之前没有相关经验的读者也不必过于担心,只要按照本书的节奏去学习。相信各位读者都能够理解并掌握一整套从客户端到服务器端闭环构建的相关知识要点。

2.1.1 项目功能简介

首先来看案例项目,它是一款名为 Razor Robot 的终端界面化风格的智能小程序,该项目主要由 4 个核心功能组成:

(1)集成智能云服务功能,完成多语言文本翻译。

(2)集成智能云服务功能,完成图片风格迁移功能。

(3)集成 ChatGPT,完成智能聊天机器人功能。

(4)实现简单的爬虫功能,实现获取国内互联网热点数据。

通过这 4 个功能会为读者介绍以下内容:

(1)Vue.js 基本语法及 uni-app 相关语法和函数调用。

(2)HTML、CSS、JavaScript 基本语法及 Flex 弹性布局。

(3)uni-app 中的调试技术。

(4)以 Java 技术体系为例的服务器端(Spring Boot)构建。

(5)Spring Boot 服务器端与 uni-app 客户端的通信方法。

(6)如何使用 GitHub 快速实现功能及如何在 HBuilder X 中使用 Git。

项目被分为上下两部分。上半部分主要是模拟系统的信息显示及用户与 Razor Robot 交互的功能,下半部分主要是 Razor Robot 进行输出的地方。这种交互的风格设计的初衷在于能够使用户在使用的过程中仿佛在和 Razor Robot 这台有些复古风格的机器人进行对话。同时为了增加趣味性,Razor Robot 中实现了逐字输出的效果,从而让整个系统拥有了机械式的停顿感,并点缀了些许 emoji 元素,让整个交互的过程不那么呆板。在首页下方列举出了 Razor Robot 的 4 个功能,通过单击相关功能的标题可以进入相关的功能页面。该项目首页如图 2-1 所示。

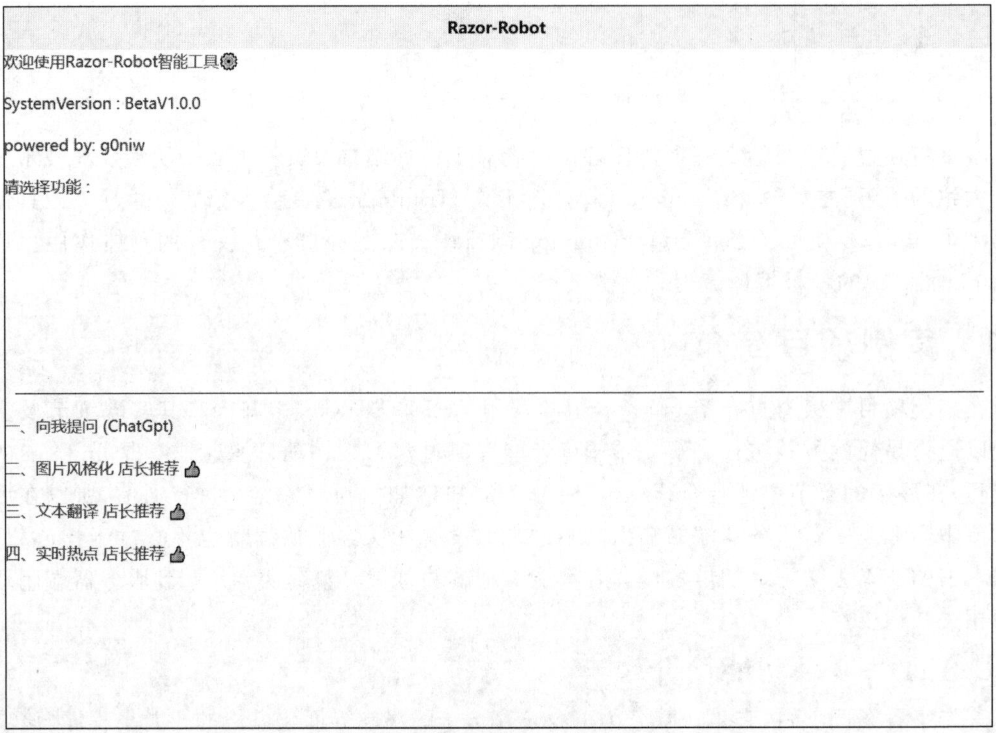

Razor-Robot

欢迎使用Razor-Robot智能工具🤖

SystemVersion : BetaV1.0.0

powered by: g0niw

请选择功能 :

一、向我提问 (ChatGpt)

二、图片风格化 店长推荐 👍

三、文本翻译 店长推荐 👍

四、实时热点 店长推荐 👍

图 2-1　案例项目首页

在逐步构建案例项目的同时,各位读者将会了解构建 uni-app 应用的基本流程,并通过后续章节的练习进一步掌握构建应用软件的基本思路,并最终拥有能够创造出 uni-app 应用的能力。就如其他的创造性工作一样,学习 uni-app 既要练习其中的术(各类功能效果的实现),更要明白其中的道(uni-app 的技术原理及构建 uni-app 的基本思路与方法)。

2.1.2　项目知识点简介

由于本项目的目标是从零开始构建到项目上线,所以这里从完整的软件的生命周期出发,来介绍案例项目中每个阶段所要完成的内容。一个应用类软件的生命周期如图 2-2 所示。

图 2-2　软件生命周期

在第 1 个阶段,需求分析阶段的主要工作是开发者明确软件需要实现哪些功能。在 2.1.1 节中已经明确了软件功能,所以在此处不再进行赘述。

在第 2 个阶段,原型设计阶段将介绍如何使用 AxureRP 软件绘制原型图,以及如何依据原型图在 uni-app 中开发出对应页面的相关知识点。

在第 3 个阶段,研发阶段涉及客户端、服务器端开发相关的知识点,在此过程中首先会介绍有关 HTML、CSS 还有 JavaScript 的基本语法,以及 Vue.js 的基本语法和 uni-app 相关的 API 及组件的使用,之后会为读者讲解在 uni-app 中如何进行程序调试。在服务器端的构建过程中将对服务端 Spring Boot 框架与 uni-app 框架进行对比。之后会为读者详细讲解如何使用 Spring Boot 框架集成第三方服务及如何使用 HTTP 让 Spring Boot 应用与 uni-app 应用进行通信。最后,作为服务器端获取数据能力的扩展,还会简单地介绍爬虫的相关应用。

最后,在项目上线部署阶段会介绍 uni-app 应用编译成小程序并发布上线的相关知识,以及服务器端如何部署到云服务器相关 Linux 系统下的指令操作。在运营维护阶段,还会介绍 DNS 配置及如何将服务器端 HTTP 服务升级为 HTTPS 等相关的知识要点及具体操作。

2.2　uni-app 项目创建

本节将介绍以下的知识内容:

(1) 使用 HBuilder X 创建 uni-app 项目。

(2) uni-app 项目中文件目录及全局文件的解读。

(3) uni-app 项目中 index.vue 文件的解读。

(4) uni-app、小程序、Vue.js、HTML5 技术比较及联系。

(5) Vue.js 模板编译原理。

(6) 组件的更新与新增,以及组件更新的核心 diff 算法。

2.2.1　HBuilder X

正所谓工欲善其事必先利其器,趁手的开发工具可以让开发者事半功倍。首选的开发工具是 HBuilder X,这款软件可以说是专为 uni-app 应用开发定制的,两款产品均由 DCloud 出品,而备用的开发工具也有微软公司出品的 VS Code 或者 JetBrains 公司出品的 WebStrom 等比较主流的软件,如果是第 1 次接触 uni-app 开发,则建议用 HBuilder X 作为主力开发工具,它将在一定程度上减少学习 uni-app 的难度与时间成本。

下面来介绍下 HBuilder X 的具体安装步骤,首先进入 HBuilder X 工具的官网:https://www.dcloud.io/hbuilderx.html,在官网首页中可以看到下载按钮,如果是 Windows 用户,则可直接选择 Download for Windows 选项并单击即可完成下载。官网首页的下载按钮如图 2-3 所示。

图 2-3　HBuilder X 官网主页

下载完毕后在官网首页上方导航栏中找到"产品文档"选项,如图 2-4 所示。

首页　**产品文档**　插件文档　社区　联盟　案例　赞助我们　需求墙　简体中文⌄

图 2-4　产品文档选项

单击该选项并在弹出的产品文档页中的左侧栏中单击"安装",之后可以看到在不同的操作系统下该软件的安装文档。如果是 Windows 系统,则可直接将下载下来的 ZIP 包解压,执行其中的 Hbuilder.exe 文件并按照引导即可完成安装,该安装文档页如图 2-5 所示。

图 2-5　HBuilder X 安装文档

2.2.2　第 1 个 uni-app 项目

在完成软件安装后开始创建第 1 个 uni-app 项目。首先打开 HBuilder X 软件,选择"文件"→"新建"→"项目",该操作如图 2-6 所示。

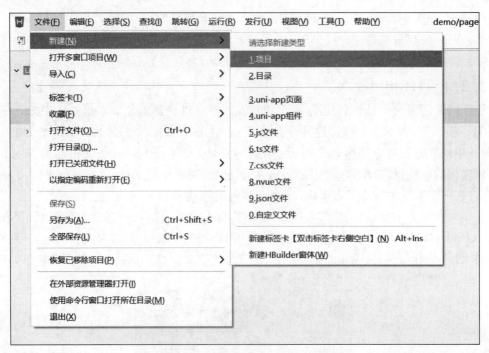

图 2-6　HBuilder X 新建项目

💡**注意**：uni-app 支持通过可视化界面、Vue-CLI 命令行两种方式快速创建项目。可视化的方式比较简单，HBuilder X 内置了相关环境，开箱即用，无须配置 Node.js。

之后在弹出的新建页面中的左侧选择栏中选择 uni-app 类型，输入项目名，选择模板，选择版本，最后单击"创建"按钮，即可创建出对应的模板项目，该新建页面操作如图 2-7 所示。

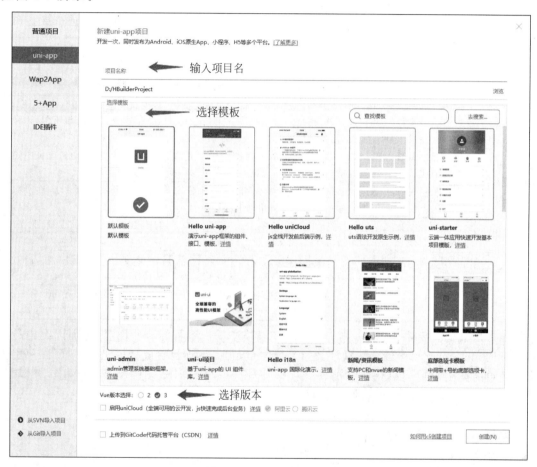

图 2-7　uni-app 应用创建

其中 Hello uni-app 模板包含了官方的组件和 API 示例，可以用于阅读及学习。还有一个重要模板是 uni-ui 项目模板，日常开发推荐使用此模板，该模板已内置大量常用组件。这里选择内容最为简洁的"默认模板"，Vue 版本选择"3"，单击"创建"按钮，创建完成后会来到项目的 index.vue 页面。

2.2.3　uni-app 目录结构及全局文件

通过默认模板创建出的项目的目录结构及全局文件如图 2-8 所示。

其中项目的目录及全局文件的作用见表 2-1。

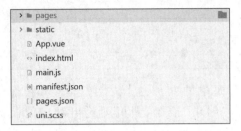

图 2-8　默认模板项目的目录结构及全局文件

表 2-1　uni-app 目录结构及全局文件说明

文件/目录名称	作　用
pages	所有页面的存放目录,可以根据自己的规划在 pages 目录的下面创建子目录
static	此目录通常用于存放项目引用的静态资源,例如图片、图标、字体等
App. vue	uni-app 的主组件,所有页面都是在 App. vue 下进行切换的,是页面入口文件,但 App. vue 本身不是页面,这里不能编写视图元素,它没有<template>标签。这个文件的作用包括调用应用生命周期函数、配置全局样式、配置全局的存储等
index. html	项目的首页,项目的入口页面。main. js 实例化之后的项目页面,最终将渲染到首页中,它是应用程序加载和渲染的起点,为后续的应用程序逻辑提供了基础
main. js	uni-app 的入口文件,主要作用是初始化组件实例、定义全局组件及所需要的插件,通过 main. js,可以管理整个应用程序的生命周期和行为
manifest. json	应用的配置文件,用于指定应用的名称、图标、权限等。由 HBuilder X 创建的工程,此文件在根目录,由 CLI 创建的工程,此文件在 src 目录
pages. json	用来对 uni-app 进行全局配置,决定页面文件的路径、窗口样式、原生的导航栏、底部的原生 tabbar 等。其类似于微信小程序中 app.json 的页面管理部分
uni. scss	uni. scss 文件的用途是为了方便整体控制应用的风格,例如按钮颜色、边框风格,uni. scss 文件里预置了一批 scss 变量,通过 uni. scss,开发者可以轻松管理和调整应用程序的样式

如果是第 1 次接触 uni-app,则要理解上述表格中的内容可能有些困难,下面以类比的方式来解读 uni-app 项目中的全局文件。如果把这个 uni-app 项目看成一栋建筑,则可以把这些文件简单的类比如下。

(1) App. vue 相当于建筑的地基组件。

(2) index. html 相当于 App. vue 组件的门牌,记录了这个组件的所有信息。

(3) main. js 相当于建筑的入口。

(4) manifest. json 为项目的配置文件,相当于建筑的施工规范。

(5) pages. json 相当于建筑内部的小地图,确定了每条路通向了何处。

(6) uni. scss 是 uni-app 内置的样式配置,可以理解为建筑本身的装修风格。

以这样类比的方式介绍完之后,抽象的概念变得形象起来,再进一步去发散这种思维,其实这里的 uni-app 扮演着开发商的角色,uni-app 已经为开发者做了很多基础工作,类似于施工前的打地基、建模板等。这样一来,作为开发者就可以将更多的精力放在业务实现上了。

2.3　uni-app 项目解读

本节将通过 HBuilder X 开发工具将模板项目编译并运行到 Web 端,然后通过对比 HTML5、小程序、Vue. js 技术与 uni-app 之间的联系与区别来进一步了解 uni-app 中的核心概念及技术原理。最后将通过解读 index.vue 文件来为读者介绍 Vue.js 模板编译的主要流程及组件（*.vue 文件）更新的核心知识点 diff 算法。

2.3.1 运行项目

运行项目的具体步骤如下：首先选择 demo 项目，在软件左上角选择"运行"→"运行到浏览器"，最后选择浏览器，即可体验 uni-app 的 Web 版，该操作如图 2-9 所示。

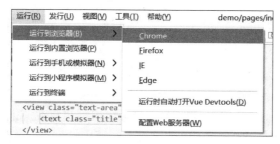

图 2-9 项目编译运行

在选择好浏览器之后项目就会被编译运行到所选的浏览器上，在此过程中可以在控制台上看到项目编译部署日志，其内容如图 2-10 所示。

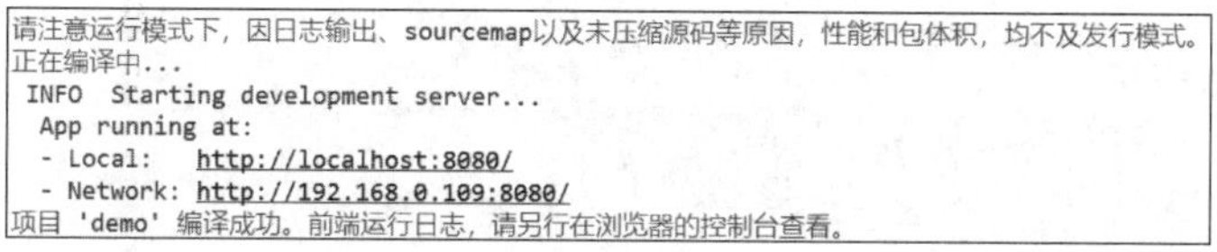

```
请注意运行模式下，因日志输出、sourcemap以及未压缩源码等原因，性能和包体积，均不及发行模式。
正在编译中...
INFO  Starting development server...
App running at:
  - Local:   http://localhost:8080/
  - Network: http://192.168.0.109:8080/
项目 'demo' 编译成功。前端运行日志，请另行在浏览器的控制台查看。
```

图 2-10 控制台日志输出

在完成部署之后浏览器中会自动弹出如图 2-11 所示的网页，其 URL 路径为 http://localhost:8080/#/pages/index/index，这代表该 uni-app 项目运行在本机器的 8080 端口上，默认首页的访问路径为/pages/index/index，同时这个路径被对应到 uni-app 项目中/pages/index 文件夹下的 index.vue 文件。

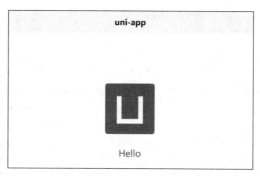

图 2-11 默认模板项目主页

💡**注意**：第 1 次编译运行会提示下载 Vue 3 编译器，单击"确认"按钮进行下载并安装即可。运行到外部的浏览器需要自行安装，如果使用内置浏览器，则需要下载对应插件。

5min

2.3.2　index.vue 文件解读

本节会介绍项目中页面显示的元素及这些页面元素所对应的 index.vue 文件中的代码，并通过修改代码的方式来调整各个区域的显示，以此来进一步了解组件(index.vue)文件中各块代码的含义及其作用。回到默认模板项目中，首先是位于最上方(如图 2-12 所示)的导航栏。

uni-app

图 2-12　模板项目导航栏

此处的元素可以在 pages.json 文件中看到其对应的代码。在 pages.json 文件中 pages 项的 index 路径下 navigationBarTitleText 的值为 uni-app，这个值对应了在导航栏中的显示内容。注意这里的 globalStyle 为全局属性，如果在各个页面中没有定义 style 属性，则默认会用 globalStyle 中的属性，具体的代码如下：

```
//第 2 章/appPages.json
{
    "pages": [
        {
            "path": "pages/index/index",
            "style": {
                //对应首页导航栏显示的 uni-app
                "navigationBarTitleText": "uni-app"
            }
        }
    ],
    "globalStyle": {
        "navigationBarTextStyle": "black",
        "navigationBarTitleText": "uni-app",
        "navigationBarBackgroundColor": "#F8F8F8",
        "backgroundColor": "#F8F8F8"
    },
    "uniIdRouter": {}
}
```

而通过修改 style 中的属性值，可以修改对应页面的背景颜色或者隐藏这个导航栏。例如将 index 页面背景颜色修改为绿色(将 navigationBarBackgroundColor 的值调整为#00ff00)，其具体的代码如下：

```
//第 2 章/changeColorAppPages.json
{
    "pages": [
        {
            "path": "pages/index/index",
            "style": {
                "navigationBarTitleText": "uni-app",
                "navigationBarBackgroundColor": "#00ff00"
            }
        }
```

```
        }
    ],
    "globalStyle": {
        "navigationBarTextStyle": "black",
        "navigationBarTitleText": "uni-app",
        "navigationBarBackgroundColor": "#F8F8F8",
        "backgroundColor": "#F8F8F8"
    },
    "uniIdRouter": {}
}
```

再将 navigationStyle 赋值为 custom,以此隐藏导航栏,其具体的代码如下:

```
//第2章/hideAppPages.json
{
    "pages": [
        {
            "path": "pages/index/index",
            "style": {
                "navigationBarTitleText": "uni-app",
                "navigationBarBackgroundColor": "#00ff00",
                //隐藏导航栏
                "navigationStyle": "custom"
            }
        }
    ],
    "globalStyle": {
        "navigationBarTextStyle": "black",
        "navigationBarTitleText": "uni-app",
        "navigationBarBackgroundColor": "#F8F8F8",
        "backgroundColor": "#F8F8F8"
    },
    "uniIdRouter": {}
}
```

在导航栏下方可以看到如图 2-13 所示的 logo 图片。

logo 图片对应了 index.vue 文件中的 image 标签。标签中的 src 属性定义了图片存放的相对路径,通过这个路径可以看到其位于 static 文件中。在 index.vue 文件中的 image 标签包裹的代码如下:

图 2-13 模板项目 logo 图片

```
<image class="logo" src="/static/logo.png"></image>
```

可以看到图片的 class 属性的取值为 logo,在<style>标签包裹的部分可以看到 logo 的具体取值,其中 height 和 width 分别定义了图片本身的长和宽,而 top、left、right 和 bottom 分别对应了这张图片的上、左、右和底部边界与其他元素的距离。例如这里的 margin top 200rpx,表示这个元素上边界距离其他元素有 200 个 rpx 单位长度(rpx 为小程序特有的长度计量单位),logo 属性对应的样式代码如下:

```
//第 2 章/logoClass.vue
< style >
    .logo {
        height: 200rpx;
        width: 200rpx;
        margin - top: 200rpx;
        margin - left: auto;
        margin - right: auto;
        margin - bottom: 50rpx;
    }
</style >
```

图 2-14 Hello 字符串

紧接着,在图片的下方可以看到如图 2-14 的 Hello 字符串。

这块对应的代码位于 logo 图片的下方,可以看到 view 标签中包裹了一个 text 标签,其 class 属性被定义为 title,其代码如下:

```
< text class = "title">{{title}}</text >
```

而 text 标签包裹的部分{{title}}的取值则在 script 标签中的 data 区域内,其值为 Hello 字符串,其具体的代码如下:

```
data() {
    return {
        title: 'Hello'
    }
}
```

同样地,通过修改 data 选项中 title 的值就可以改变页面显示的字符串,而在 text 标签的外层可以看到它被< view >标签所包裹,而< view >它通常用来定义这个容器中其他元素的布局方式,例如下述代码:

```
< view class = "text – area">
    < text class = "title">{{title}}</text >
</view >
```

可以看到< view >标签中对应的 class 取值为 text-area,而 text-area 中的属性 display: flex 代表弹性布局,它是一种布局的风格,区别于传统布局,这种布局风格可以尽可能地利用当前的页面空间,它可以依据容器的大小自动地调整元素之间的关系,而 justify-content: cent 代表着在该容器中所有元素自动水平居中显示,其代码如下:

```
.text – area {
    display: flex;
    justify – content: center;
}
```

关于样式标签的具体值的定义,可以通过鼠标停留在各个属性值处并按下 F1 键进行快速查询。如果有不太熟悉 CSS 基本用法的读者也不必过于担心,在后面的章节中会单独讲解 CSS 相关的基础知识点,其中 CSS 相关文档的快速查询方式如图 2-15 所示。

```
.text-area {
    display: flex;
    In combination with 'float' and 'position', determines the type of b
    ox or boxes that are generated for an element.
}
.tit  Syntax: [ <display-outside> || <display-inside> ] | <display-listite
      m> | <display-internal> | <display-box> | <display-legacy>

      MDN Reference
      按F1打开帮助文档                                                    ⚙
}
```

图 2-15 快捷方式查看 CSS 文档

2.3.3 uni-app、HTML、Vue.js、小程序的区别与联系

本节将通过介绍 uni-app、HTML、Vue.js 及小程序之间的区别与联系来进一步介绍 uni-app 作为"后辈"是如何在"前辈"的经验上推陈出新的。

在以前,页面都由 HTML 绘制而成,页面的信息大多是由一些静态的不可变的元素组成的,而且传统的 HTML5 只有一端,即浏览器。uni-app 可跨多端,它虽仍属前端,但与传统的 HTML5 有所不同,具体如下。

1. 网络模型

在以前,网页通常是 Browser/Server 架构,服务器端代码混合在页面里,例如 Java 服务器端页面技术(Java Server Pages,JSP),而现在是 Client/Server 架构,前后端分离,客户端通过 JavaScriptApi,允许开发者通过 JavaScript 与特定软件、平台或服务进行交互的接口和方法获取 JSON 数据,并把数据绑定在界面上渲染。

2. 文件类型

以前是 *.html 文件,开发时采用的语言是 HTML 语言,运行时采用的语言也是 HTML 语言。现在是 *.vue 文件,开发的是 Vue.js 的组件,经过编译后,运行时已经变成了 JavaScript 文件。在现代前端开发中,已经很少直接使用 HTML 语言,而成熟的框架基本都会有开发、编译、运行这 3 个步骤,所以 uni-app 中有编译器、运行时的概念。

3. 文件内代码架构

以前是以 HTML 作为一个大节点,里面包含 script 和 style 节点,现在 template 是一级节点,用于写 tag 组件,script 和 style 是并列的一级节点,也就是有 3 个一级节点。

传统的 HTML 文件结构,代码如下:

```html
//第 2 章/structure.html
<!DOCTYPE html >
<html>
    <head>
        <meta charset = "utf - 8" />
        <title></title>
        <script type = "text/javascript">

        </script>
        <style type = "text/css">

        </style>
    </head>
```

```
    < body >

    </body >
</html >
```

而现在,*.vue 文件结构,代码如下:

```
//第 2 章/structure.vue
< template >
    < view >
        //注意必须有一个 view,并且只能有一个根 view。所有内容写在这个 view 的下面
    </view >
</template >

< script >
    export default {

    }
</script >

< style >

</style >
```

而这个规范叫单文件组件(Single-File Component,SFC)规范。所谓的单文件组件规范就是在构建 *.vue 文件时所要遵守的规则,其具体内容如下:

*.vue 文件是一个自定义的文件类型,用类 HTML 语法描述一个 Vue 组件,其中每个 *.vue 文件包含 3 种类型的顶级语言块< template >、< script >和< style >,并且允许添加可选的自定义块,它的规定如下。

(1) 每个 *.vue 文件最多包含一个< template >块。内容将被提取,转换为字符串后将被传递给 vue-template-compiler 模块,预处理为 JavaScript 语法编写的渲染函数,并最终注入从 < script >导出的组件中。它定义了组件的结构和布局,使用类似 HTML 的语法,但可以通过 Vue 的模板语法来绑定数据和指令。

(2) 每个 *.vue 文件最多包含一个< script >块。这个脚本会作为一个 ES Module (JavaScript 语法的规范化模块)来执行。它包含了组件的逻辑和行为,可使用 JavaScript 或 TypeScript 编写。在此部分可以定义组件的数据、计算属性、方法、生命周期钩子等。

(3) 一个 *.vue 文件可以包含多个< style >标签。< style >标签可以有 scoped 或者 module 属性以帮助开发者将样式封装到当前组件。例如当在组件中使用 scoped 属性时,该组件中的样式只适用于该组件内部,不会影响到其他组件或全局样式。这是通过在编译时为每个组件自动添加一个唯一的选择器实现的,从而确保组件样式的唯一性。例如,如果在组件中使用以下代码:

```
< template >
< div class = "container">
< h1 > Hello World </h1 >
</div >
</template >

< style scoped >
.container {
 background - color: #eee;
}
h1 {
 color: red;
}
</style >
```

则编译后的 HTML 和 CSS 如下：

```
< div class = "container" data - v - f3f3eg9 >
< h1 data - v - f3f3eg9 > Hello World </h1 >
</div >

< style >
.container[data - v - f3f3eg9] {
 background - color: #eee;
}
h1[data - v - f3f3eg9] {
 color: red;
}
</style >
```

可以看到，编译后的 CSS 代码中，每个选择器都带有一个唯一的 data-v 属性，以确保只适用于当前组件。

相比于 scoped 属性，module 属性则是一种更通用的 CSS 模块化技术，可以在多种前端框架中使用。当在组件中使用 module 属性时，该组件中的样式也只适用于该组件内部，但是不同于 scoped 属性，它需要手动导入并使用一个 CSS 模块化工具（如 CSS Modules 或者 postcss-modules）实现。

例如，在 React Native 组件中使用 CSS Modules：

```
import styles from './MyComponent.module.css';

function MyComponent() {
  return (
< div className = {styles.container}>
< h1 className = {styles.title}> Hello World </h1 >
</div >
  );
}
export default MyComponent;
```

styles 对象是通过 CSS Modules 自动生成的,并包含了当前组件中所有样式的唯一类名。在 CSS 文件中,使用 :local 关键字来指定本地作用域的样式规则,例如:

```
/* MyComponent.module.css */
.container :local(.title) {
  color: red;
}
```

其中 :local 关键字表示该样式规则只适用于当前模块中的类名,而不会影响其他模块中的类名,而在编译后的 CSS 中,:local 关键字会被替换成当前模块中的唯一类名,例如:

```
.MyComponent_container__3uXjW .MyComponent_title__1BpNO {
  color: red;
}
```

scoped 和 module 属性都是为了解决 CSS 样式命名冲突和作用域问题而提出的解决方案,其中 scoped 属性是 Vue.js 框架特有的解决方案,而 module 属性则是一种更通用的模块化方案,可以在不同的前端框架中使用。

总体来讲,SFC 规范对比原来的 HTML 文件结构,可以将一个组件的所有相关代码集中在一个文件中,提供了更好的可读性、可维护性和开发效率。

4. 文件内代码架构

在 HTML 中应用 *.js 的处理方式,示例代码如下:

```
<script src = "js/jquery-1.10.2.js" type = "text/javascript">

</script>
<link href = "css/Bootstrap.css" rel = "stylesheet" type = "text/css"/>
```

而现在 *.js 文件需要被引用(require)进项目中,变成对象,代码如下:

```
<script>
    //引用这个 JS 模块
    var util = require('../../../common/util.js');
    //调用 JS 模块的方法
    var nowDate = util.formatDate(newDate);
</script>
```

而在这个 util.js 文件中,要把之前的方法封装为组件的方法,代码如下:

```
function formatTime(time) {
    return time; //
}
module.exports = {
    formatTime: formatTime
}
```

这种组件化的编程方式同样适用于 *.css 文件,代码如下:

```
<style>
@import "./common/uni.css";
.uni - hello - text{
    color:#7A7E83;
}
</style>
```

5. 组件导入的方式

在传统 *.vue 文件中导入组件的代码如下:

```
//第2章/classicImport.vue
<template>
    <view>
        <uni - badge text = "abc" :inverted = "true"></uni - badge>
    </view>
</template>
<script>
import uniBadge from "../../../components/uni - badge.vue";
//1.导入组件(这步属于传统 Vue.js 规范,在 uni - app 的 easycom 下可以省略这步)
export default {
    data() {
        return {

        }
    },
    components: {
        uniBadge
        //2.注册组件(这步属于传统 Vue.js 规范,但在 uni - app 的 easycom 下可以省略这步)
    }
}
</script>
```

而在 uni-app 中组件导入的代码如下:

```
//导入
import pageHead from './components/page - head.vue'
//注册后在每个 Vue.js 的 page 页面里可以直接使用<page - head></page - head>组件
Vue.component('page - head', pageHead)
```

> 💡注意:uni-app 2.7 之后推出了更简单的组件,此组件使用技术 easycom,无须引用和注册组件,直接在 template 区域内即可完成组件的复用。

6. 组件标签的变化

以前使用的是 HTML 标签,例如<div>,而现在使用的是组件化风格,例如<view>。标签和组件的区别在于,虽然它们看起来都采用尖括号包围起来一段英文,但是标签是 HTML 中的概念,它属于浏览器中内置的东西,而组件是可以自由扩展的,它不会受限于浏览器,所以开发者能在 uni-app 中把一段 JavaScript 代码封装成函数或模块,也可以将一个 UI 控件封装成一个组件。同样地,uni-app 组件规范参考了小程序的规范,同时提供了一批内置组件供开发者使用。HTML 标签和 uni-app 内置组件的映射见表 2-2。

表 2-2 HTML 标签与 uni-app 标签映射

HTML 标签	uni-app 对应标签
div	view
span 和 font	text
a	navigator
img	navigator
input 在 HTML 规范中不仅是输入框,还有 radio、checkbox、时间、日期、文件选择功能	input 仅作为输入框,对于其他功能,uni-app 提供了单独的组件或 API
form、button、label、textarea、canvas、video	保留了这些标签
select	picker
iframe	web-view
ul 和 li	都用 view 替代(列表一般使用 ulist 组件)
audio	改成 API 方式

💡 **注意**:HTML 标签也可以在 uni-app 里使用,uni-app 编译器会在编译时把 HTML 标签转换为 uni-app 标签,例如把 div 编译成 view,但不推荐这种用法,调试 HTML5 端时容易混乱。

除了这些标签的改动外,uni-app 还新增了一批手机端常用的新组件,具体内容见表 2-3。

表 2-3 uni-app 常用组件

uni-app 组件	组件作用
scroll-view	可区域滚动视图容器
swiper	可滑动区域视图容器
icon	图标
rich-text	富文本(不可执行 JavaScript,但可渲染各种文字格式和图片)
progress	进度条
slider	滑块指示器
switch	开关选择器
camera	相机
live-player	直播
map	地图
cover-view	可覆盖原生组件的视图容器

除了 uni-app 内置组件,还有很多开源的扩展组件,这些扩展组件将常用的操作进行了封装,DCloud 建立了插件市场,以便收录这些扩展组件。

💡 **注意**:uni-app 的非 HTML5 端的 video、map、canvas、textarea 都属于原生组件,层级高于其他组件。如需覆盖原生组件,则需要使用 cover-view 组件。

7. JavaScript 的变化

关于 JavaScript 的变化,它分为运行环境变化、数据绑定模式变化、API 变化 3 部分。

1) 运行环境从浏览器变成 V8 引擎

在 uni-app 中标准 JavaScript 语法和 API 都支持,例如 if、for、settimeout、indexof 等方法,但浏览器中特有的 window、document、navigator、location 对象,包括 Cookie 等存储,只有在浏览器中才有,App 和小程序都不支持。JavaScript 相关规范是由 ECMAScript 组织管理的,而浏览器中的 JavaScript 是由 W3C 组织基于 ECMAScript 规定的标准规范所补充的,其中包括了 window、document、navigator、location 等专用对象。在 uni-app 的各个端中,除了 HTML5 端,其他端的 JavaScript 都运行在一个独立的 V8 引擎下,而不是在浏览器中,所以浏览器无法使用。这意味着很多 HTML 的库,例如 jQuery 无法使用。当然 App 和小程序支持 WebView 组件,里面可以加载标准 HTML,这种页面仍然支持浏览器专用对象,例如 window、document、navigator、location 等。

2) DOM 操作,改成 Vue.js 的 MVVM 模式

现在前端的发展趋势是去 DOM 化,尽量让开发者少去操作真实 DOM。改用将业务和逻辑与用户页面清晰分离的架构(Model-View-ViewModel,MVVM)模式,与传统开发相比,此种架构下编写出的代码更加简洁,并且能大幅减少代码行数,同时差量渲染性能更好。uni-app 使用这种数据绑定方式解决 JavaScript 与 DOM 界面交互的问题。如果想改变某个 DOM 元素的显示内容,例如一个< view >中的文字显示:在 HTML 中是给< view >设置 id,然后在 JavaScript 里由选择器通过 id 获取 DOM 元素,再通过 JavaScript 进行赋值操作,修改 DOM 元素的属性或值。例如页面中有个显示的文字区和一个按钮,单击按钮后会修改文字区的值。在 HTML 中操作 DOM 的方式,代码如下:

```html
//第 2 章/DOMOperate.html
< html >
    < head >
        < script type = "text/javascript">
            document.addEventListener("DOMContentLoaded",function () {
            <!-- 操作 DOM,通过 id 获取 DOM 元素 -->
            document.getElementById("spana").innerText = "456"
            })
            function changetextvalue (){
                <!-- 通过 JavaScript 方法修改 DOM 元素的取值 -->
                document.getElementById("spana").innerText = "789"
            }
        </script >
    </head >
    < body >
        < span id = "spana">123 </span >
        < button type = "button" onclick = "changetextvalue()">修改为 789 </button >
    </body >
</html >
```

而在 MVVM 架构风格下这块的代码变为了:

```
//第 2 章/vueMVVM.vue
<template>
    <view>
        <!-- 这里演示了组件值的绑定 -->
        <text>{{textvalue}}</text>
        <!-- 这里演示了属性和事件的绑定 -->
        <button :type="buttontype" @click="changetextvalue()">
            修改为 789
        </button>
    </view>
</template>
<script>
    export default{
        data() {
            return {
            textvalue:"123",
            buttontype:"primary"
            };
        },
        onLoad() {
            //这里修改 textvalue 的值
            this.textvalue = "456"
        },
        methods: {
        changetextvalue() {
            //这里修改 textvalue 的值,页面会自动刷新为 789
            this.textvalue = "789"
            }
            }
        }
</script>
```

Vue.js 这种绑定模式会给 DOM 元素绑定一个 JavaScript 变量,并在<script>包裹的区域中修改 JavaScript 变量的值,此时 DOM 元素会自动变化,同时页面会自动更新渲染。

💡注意:在 Vue.js 的设计中,只有在 data 区域里定义的数据才能被界面正确地绑定和渲染。

在高级用法里,Vue.js 还支持给组件设定 ref(引用标记),这类似于在 HTML 中给一个 DOM 元素设置 id,然后在 JavaScript 中也可以用 this.$refs.xxx 获取,代码如下:

```
//第 2 章/RefDOM.vue
<template>
    <view>
        <view ref="testview">11111</view>
            <button @click="getTest">获取 test 节点</button>
        </view>
</template>
```

```
< script >
    export default {
        methods: {
            getTest() {
                console.log(this. $refs.testview)
            }
        }
    };
</script >
```

3) JavaScript API 的变化

因为 uni-app 的 API 参考了小程序,所以和浏览器的 JavaScript API 有很多不同,例如 HTML 中的 alert、confirm 方法被改成了 uni. showmodel,AJAX 被修改成 uni. request。浏览器中支持的 Cookie、Session 也无法在 uni-app 中使用,local. storage 被修改成了 uni. storage 等,uni-app 的 JavaScript API 还有很多,但总体来讲就是小程序的 API,把小程序中的 wx. xxx 方法对应地修改成 uni. xxx 方法。除此之外 uni-app 在不同的端还支持条件编译,可以无限制地使用各端独有的 API,以下是 uni-app 中常用的条件编译指令:

```
//第 2 章/ConditionalCompilation.vue
//♯ifdef H5
//这段代码在 H5 平台上会被编译
console. log('H5 platform');
//♯ endif


//♯ ifdef APP - PLUS
//这段代码在 APP - PLUS 平台上会被编译
console. log('APP - PLUS platform');
//♯ endif
```

其中//♯ifdef 和//♯ifndef 用于根据条件判断是否编译代码块。//♯ifdef 表示如果某个条件为真,则编译后面的代码块;而//♯ifndef 表示如果某个条件为假,则编译后面的代码块,而//♯endif 则用于结束一个条件编译块的范围。

8. CSS 的变化

标准的 CSS 基本是支持的,选择器有两个变化: ＊选择器不支持,例如,使用 ＊选择器可以选择页面上的所有元素并设置它们的样式:

```
＊ {
  margin: 0;
  padding: 0;
  box - sizing: border - box;
}
```

和微信小程序类似,元素选择器里没有 body,改为了 page,例如页面使用< page >标签作为页面容器,则可以使用 page 选择器来选择该元素并设置样式:

```
page {
    background - color: #f2f2f2;
    padding: 20px;
}
```

上述代码会将所有<page>元素的背景颜色设置为#f2f2f2,并添加20px的内边距。

在长度单位方面,px无法动态地适应不同宽度的屏幕,rem无法用于 Nvue/Weex。如果想使用根据屏幕宽度自适应的单位,则推荐使用 rpx,全端支持,uni-app 推荐使用 Flex 布局,这个布局思路和传统流式布局有点区别,但 Flex 的特色在于,不管是什么技术都支持这种排版,如 Web、小程序/快应用、Weex/React Native、原生的 iOS、Android 开发都支持 Flex,它是所有端的新一代布局方案。

💡 **注意**:CSS 里背景图和字体文件应尽量不要大于 40KB,因为会影响性能。在小程序端,如果要大于 40KB,则需放到服务器侧远程引用或用 base64 编码后引入,不能放到本地作为独立文件引用。

---

9. 工程结构和页面管理的变化

同样,参考小程序的设计,uni-app 中每个可显示的页面都必须在 pages.json 文件中注册,其中 app.json 变成了现在的 pages.json。另外在 Vue.js 里的路由,在 uni-app 中也被放在了 pages.json 文件里进行管理。

在 HTML 中的首页一般是 index.html 或 default.html,在 Web 服务器里配置,而 uni-app 的首页,在 pages.json 里配置,page 节点下第 1 个页面就是首页。在 App 和小程序中,为了提升体验,页面提供了原生的导航栏和底部 tabbar,在 uni-app 中这些配置也被存放在 pages.json 文件中,不需要在 *.vue 里额外创建。在 uni-app 中 pages.json 文件的代码如下:

```
//第2章/pages.json
{
"pages": [ //参考:https://uniapp.dcloud.io/collocation/pages
    {
        "path": "pages/index/index",
        "style": {
            "navigationBarTitleText": "",
            "navigationBarTextStyle": "",
            "navigationBarBackgroundColor": "#"
        }
    }
],
"globalStyle": {
    "navigationBarTextStyle": "",
    "navigationBarTitleText": "",
    "navigationBarBackgroundColor": "",
    "backgroundColor": ""
},
"tabBar": {
    "color": "",
```

```
            "selectedColor": "",
            "backgroundColor": "",
            "list": [{
                "iconPath": "",
                "text": "",
                "pagePath": ""
            }]
        }
    }
```

uni-app 的目录结构与小程序相比变化如下：原来在小程序中 app.json 的功能被一拆为二，其中的页面管理被挪到了 uni-app 的 pages.json 文件中，而非页面管理被挪到了 manifest.json 文件中，同样地，在小程序中的 app.js 和 app.wxss 文件被合并到了 app.vue 文件中。通过上述 9 方面的对比介绍后相信读者对 uni-app 应该有了更加深刻的认识，当然如果之前没有接触过 Vue.js 或者小程序开发，可能仍会对其中的一些概念存有疑惑。不过随着后续章节的介绍，这些疑惑都会被一一解答。纸上觉来终觉浅，绝知此事要躬行，想要真正掌握 uni-app，还需要进行大量的实际项目演练，实践出真知。

2.3.4　Vue.js 模板编译

▶4min

在了解了 index.vue 文件代码和页面显示的关系之后，读者可能会有疑问，这些 *.vue 文件是如何被编译成为 *.js 文件并最终生成 DOM 元素展示到浏览器的页面上的？在 *.vue 文件被编译为 *.js 文件的这个过程中最重要的部分就是 Vue.js 模板编译，它主要由 4 个处理模块组成：compiler-core（核心处理模块）、compiler-dom（浏览器处理模块）、compiler-sfc（单文件组件相关）、compiler-ssr（服务器端渲染相关）。模板编译是将 template（模板）编译成 render（渲染）函数的过程，这个过程大致可以分成 3 个阶段：

（1）parse 阶段，将 template 解析成抽象语法树（Abstract Syntax Tree，AST）。

（2）transform 阶段，对 AST 进行一些转换处理。

（3）codegen 阶段，根据 AST 生成对应的 render 函数字符串。

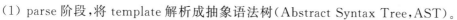

💡注意：本书中介绍的是 Vue 3 的模板编译流程，其中相关的核心目录和处理方法与 Vue 2 中的核心目录和处理方法有所不同。

1. parse 解析器

首先是 parse 解析器，解析器在解析模板字符串时可分为两种情况：以"<"开头的字符串和不以"<"开头的字符串。不以"<"开头的字符串可分为两种情况：文本节点或{{exp}}插值表达式，而以"<"开头的字符串又分为以下几种情况：

（1）元素开始标签，例如< div >。

（2）元素结束标签，例如</ div >。

（3）注释节点，例如<!--hello -->。

（4）文档声明，例如<!DOCTYPE html >。

每解析完一个标签、文本、注释等节点后，解析器会生成对应的 AST 节点，并且会把已经解析完的字符串截断。对字符串进行截断使用的是 advanceBy 函数,其中参数 context 代表字符串的上下文对象,另一个参数 numberOfCharacters 表示要截断的字符数。例如有以下代码要进行截取操作:

```
< div name = "test">

</div >
```

首先解析< div,然后执行 advanceBy(context,4)进行截断操作,截断后的代码如下:

```
    name = "test">

</div >
```

再解析属性,并截断,其结果代码如下:

```
</div >
```

在这个阶段中,被截取的字符串被转换为 element ASTs(抽象语法数节点元素),和 vnode 类似,它们都使用 JavaScript 对象来描述节点的树状表现形式。

2. transform 处理器

在 transform 阶段,处理器会对 AST 进行转换操作。根据不同的 AST 节点类型对应地添加不同的选项参数,这些参数在 codegen 阶段会用到,下面列举一些比较重要的参数。

1) cacheHandlers 参数

如果 cacheHandlers 的值为 true,则表示开启事件函数缓存。例如@click = "foo"默认编译为{onClick:foo},如果开启了这个选项(传值为 true),则编译后的代码如下:

```
{ onClick: _cache[0] || (_cache[0] = e => _ctx.foo(e)) }
```

2) hoistStatic 参数

hoistStatic 是一个标识符,表示是否开启静态节点提升。如果值为 true,则静态节点将被提升到 render 函数外生成,并被命名为_hoisted_x 变量。通过 Vue 3 Template Explorer 这个在线网站 https://template-explorer.vuejs.org/来比较 hoistStatic 调整值代码的变化。如果例子的代码如下:

```
< div >
  < p > hello </p>
</div >
```

单击网页的 options 选项,如果不勾选 hoistStatic,则上述代码将被编译为如下代码:

```
//第 2 章/hoistStaticIsFalse.vue
import { createElementVNode as _createElementVNode, openBlock as _openBlock,
createElementBlock as _createElementBlock } from "vue"
export function render(_ctx, _cache, $props, $setup, $data, $options) {
    return (_openBlock(), _createElementBlock("div", null, [
        _createElementVNode("p", null, "hello")
    ]))
}
//Check the console for the AST
```

如果勾选 hoistStatic，则上述代码将被编译为如下代码：

```
//第 2 章/hoistStaticIsTrue.vue
import { createElementVNode as _createElementVNode, openBlock as _openBlock,
createElementBlock as _createElementBlock } from "vue"

const _hoisted_1 = /* #__PURE__ */_createElementVNode("p", null, "hello", - 1
/* HOISTED */)
const _hoisted_2 = [
    _hoisted_1
]

export function render(_ctx, _cache, $props, $setup, $data, $options) {
    return (_openBlock(), _createElementBlock("div", null, _hoisted_2))
}

//Check the console for the AST
```

可以看出，当勾选了 hoistStatics 后当前节点会被静态提升，静态的节点在编译时提升到 render 函数之外，在运行时减少不必要的重复计算。在模板中，如果有些节点是静态的，即它们的内容在渲染过程中不会改变。这些静态节点可以被编译器优化，将它们提升到 render 函数之外作为常量，避免重复生成和比对。静态提升的好处在于减少了渲染函数的执行时间和内存消耗，因为静态节点只需计算一次，而不需要每次重新生成。这对于包含大量静态节点的模板来讲尤其有效，可以显著地提高应用程序的性能。

3）prefixIdentifiers 参数

这个参数的作用是用于代码生成，主要用于控制在代码生成过程中是否添加前缀访问标识符（identifiers）。

当 prefixIdentifiers 参数为 false 时，生成的代码中会使用类似 foo、bar 这样的变量名来直接访问标识符，而不添加任何前缀。这在 function 模式下是默认行为，在 module 模式下需要手动设置。当 prefixIdentifiers 参数为 true 时，生成的代码会通过添加_ctx 前缀访问标识符，例如 _ctx.foo。这种方式在 module 模式下是默认行为，因为在 module 模式下无法使用 with 语句来简化标识符的访问。

总结起来，prefixIdentifiers 参数用于控制代码生成阶段处理模板中表达式的方式。设置为 false 时会使用 with 语句，在 function 模式下生成代码；设置为 true 时会避免使用 with 语句，并通过更长的标识符访问上下文中的变量，在 module 模式下生成代码。这样可以适应不同的运行环境和代码规范。

4）patchFlags 参数

transform 转换器在对 AST 节点进行转换时会为节点添加 patchFlags 参数，这个参数主要用于 diff（dom-diff 算法，用于虚拟节点更新比较）比较过程。当 DOM 节点有这个标志且大于 0 时，代表要更新，否则就跳过。看一下 patchFlags 的取值范围，代码如下：

```
        //第2章/patchflag.vue
        export const enum PatchFlags {
    //动态文本节点
    TEXT = 1,
    //动态 class
    CLASS = 1 << 1,
    //动态 style
    STYLE = 1 << 2,
    //动态属性,但不包含类名和样式
    //如果是组件,则可以包含类名和样式
    PROPS = 1 << 3,
    //具有动态 key 属性,当 key 改变时,需要进行完整的 diff 比较
    FULL_PROPS = 1 << 4,
    //带有监听事件的节点
    HYDRATE_EVENTS = 1 << 5,
    //一个不会改变子节点顺序的 fragment
    STABLE_FRAGMENT = 1 << 6,
    //带有 key 属性的 fragment
    KEYED_FRAGMENT = 1 << 7,
    //子节点没有 key 的 fragment
    UNKEYED_FRAGMENT = 1 << 8,
    //一个节点只会进行非 props 比较
    NEED_PATCH = 1 << 9,
    //动态 slot
    DYNAMIC_SLOTS = 1 << 10,
    //静态节点
    HOISTED = -1,
    //指示在 diff 过程应该要退出优化模式
    BAIL = -2
    }
```

从上述代码可以看出 patchflag 使用一个 11 位的位图来表示不同的值,每个值都有不同的含义。diff 过程会根据不同的 patchFlags 使用不同的 patch 方法。

3. vnode

进入 http://template-explorer.vuejs.org,调整 options 选项中的 hoistStatic 参数,可以看到代码最后会返回一个 render 函数,该函数的代码如下:

```
    //第2章/render.js
    import { createElementVNode as _createElementVNode, openBlock as _openBlock, createElementBlock
as _createElementBlock } from "vue"
    export function render(_ctx, _cache, $props, $setup, $data, $options) {
return (_openBlock(), _createElementBlock("div", null, [
    _createElementVNode("p", null, "hello")
    ]))
}
//Check the console for the AST
```

该函数的作用是生成对应的 vnode 虚拟节点。vnode 虚拟节点本质上来讲是一个普通的 JavaScript 对象,该对象描述了应该怎样去创建真实的 DOM 节点。当数据发生变化时,Vue 会重新执行 render 函数,生成新的虚拟节点树,然后通过 diff 算法比较新旧虚拟节点树的差异,找出需要更新的部分,并进行相应的 DOM 操作,以保持页面的同步更新。由于虚拟节点

是基于 JavaScript 对象的描述,相比于直接操作真实 DOM,生成和比较虚拟节点更加高效,而且,虚拟节点的存在也方便了跨平台渲染,例如可以将虚拟节点渲染到浏览器环境、移动端或者服务器端等不同的目标。

例如,tag 表示一个元素节点的名称,text 表示一个文本节点的文本,children 表示子节点等。vnode 可以描述不同类型的节点,例如普通元素节点、组件节点等各种类型,一个普通的元素节点的描述代码如下:

```
< button class = "btn" style = "width:100px;height:50px">
    Helloworld
</button>
```

现在用 vnode 来表示这个< button >标签,代码如下:

```
//第 2 章/vnode.json
const vnode = {
    type: "button",
    props: {
        class: "btn",
        style: {
            width: "100px",
            height: "50px",
        },
    },
     children: "Helloworld",
};
```

其中,type 属性表示 DOM 的标签类型,props 属性表示 DOM 的附加信息,例如 style、class等,而 children 属性表示 DOM 的子节点信息。

💡 **注意**:组件(* . vue 文件)最终通过运行 render 函数生成子树 vnode。作为开发者一般不需要直接编写 render 函数,通常会使用两种方式开发组件。第 1 种是使用 SFC,以单文件的开发方式来开发组件,即通过编写组件的 template 模板去描述一个组件的 DOM 结构。由于 * . vue 类型的文件无法在 Web 端直接加载,因此在编译阶段,它会通过 vue-loader 编译生成与组件相关的 JavaScript 和 CSS,并把 template 部分转换成 render 函数添加到组件对象的属性中。另外一种开发方式是不借助编译工具,直接引入 Vue. js,在组件对象 template 属性中编写组件的模板,然后在运行阶段编译生成 render 函数。

---

vnode 除了可以用于描述一个真实的 DOM,也可以用来描述组件。例如在模板中引入一个组件标签< hello-world >,代码如下:

```
< hello - world msg = "test"></hello - world >
```

可以用 vnode 表示< hello-world >组件标签,代码如下:

```
//第 2 章/vnodeHelloWorld.js
const Helloworld = {
//在这里定义组件对象
```

```
};
const vnode = {
    type: Helloworld,
    props: {
        msg: "test",
    },
};
```

当然,除了以上两种类型外,还有纯文本 vnode、注释 vnode 等,在 Vue 3 中对 vnode 的类型做了详尽的分类,以便在后面的阶段中可以根据不同的类型执行相应的处理逻辑。之所以要设计 vnode 这样的数据结构,其一是可以将渲染的过程抽象化,从而让各个节点的抽象化能力得到提升。其二是为了跨平台,因为在处理 vnode 的过程中不同平台可以有自己的实现,基于 vnode 再做服务器端渲染,跨平台渲染就变得更容易了,而在 createApp 函数内部的 mount 方法中可以看到这个跨平台组件的标准渲染流程,代码如下:

```
//第 2 章/mount.js
mount(rootContainer) {
//创建根组件的 vnode
const vnode = createVNode(rootComponent, rootProps)
//利用渲染器渲染 vnode
render(vnode, rootContainer)
    app._container = rootContainer
    return vnode.component.proxy
}
```

先创建,后渲染,其中参数 rootContainer 可以为不同类型的值,例如,在 Web 平台它是一个 DOM 对象,而在其他平台中它可以被赋予其他类型的值,所以这里面的代码不包含任何与特定平台相关的逻辑,因此此处需要在外部重写这种方法,以此来完善各平台下的渲染逻辑,代码如下:

```
//第 2 章/appMount.js
app.mount = (containerOrSelector) =>
//标准化容器
    const container = normalizeContainer(containerOrSelector);
    if(!container) return;
    const component = app._component;
//如果组件对象没有定义 render 函数和 template 模板,则取容器的 innerHTML 作为组件模板
    if (!isFunction(component) && !component.render && !component.template)
        {component.template = container.innerHTML;
    }
//挂载前清空容器内容
    container.innerHTML = "";
//标准化挂载
    return mount(container);
};
```

首先通过 normalizeContainer 方法获取标准化容器,之后做判断,如果组件对象没有定义 render 函数和 template 模板,则取容器的 innerHTML 作为组件模板内容。接着在挂载前清

空容器内容,最终调用 mount 方法执行标准的组件渲染流程。同时,这种外部实现的方式能让用户在使用 API 时可以更加灵活并且兼容 Vue 2。

2.3.5　vnode 到真实 DOM 及 DOMDIFF

6min

在完成了 vnode 节点创建后,接下来就是 vnode 的渲染流程,其内部执行代码如下:

```javascript
//第 2 章/vnodeRendering.js
render(vnode, rootContainer);
const render = (vnode, container) = > {
    if (vnode == null) {
     //销毁组件
     if (container._vnode) {
         unmount(container._vnode, null, null, true);
     }
     } else {
         //创建或者更新组件
         patch(container._vnode || null, vnode, container);
     }
     //缓存 vnode 节点,表示已经渲染
     container._vnode = vnode
};
```

此处的代码会判断 vnode 传参,根据这个对象是否为空执行销毁组件、创建或者更新组件的逻辑。这里的 patch 函数有两个功能,一个是根据 vnode 挂载 DOM;另一个是根据新旧 vnode 更新 DOM。

对于初次渲染,组件中的节点对应渲染成新的 vnode,在这个过程中主要执行了两个操作,一个是渲染生成子树 subTree,根据 2.3.4 节的知识点可以知道,每个组件中都会有对应的 render 函数,执行 render 函数创建整个组件树内部的 vnode,接下来继续调用 patch 函数把子树 vnode 挂载到 container 中,通过递归 patch 这种深度优先遍历树的方式,最终可以构造完整的 DOM 树,从而完成组件的渲染。在处理完所有的节点之后,最终创建好的 DOM 元素节点将被挂载到 container 中,对应 patch 深度优先遍历的方式,挂载的顺序也是先子节点,后父节点,最终挂载到最外层的容器上。

简要地介绍完了挂载 DOM 之后再来详细地介绍新旧 vnode 更新 DOM 的流程,与 Vue 2 的双向遍历不同,先来看下面这两组简单的节点对比,在 Vue 3 中首先会进行头尾的单向遍历,进行预处理优化,首先来分析节点插入的情况,例如有一列节点,代码如下:

```html
< ul >
    < li key = "a" > a </li>
    < li key = "b" > b </li>
    < li key = "c" > c </li>
</ul >
```

此时在 b 和 c 之间插入 d 元素,得到的节点代码如下:

```html
< ul >
    < li key = "a" > a </li>
```

```
    <li key = "b"> b </li>
    <li key = "d"> d </li>
    <li key = "c"> c </li>
</ul>
```

这个节点的变化可以表示为如图 2-16 所示。

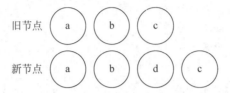

图 2-16　节点新增,新旧 vnode

从图 2-16 中可以看到在新子节点中 b 节点后多了一个 d 节点,把上述的例子修改一下,将 d 节点调到 c 节点后,然后新增 e 节点,代码如下:

```
<ul>
    <li key = "a"> a </li>
    <li key = "b"> b </li>
    <li key = "c"> c </li>
    <li key = "d"> d </li>
    <li key = "e"> e </li>
</ul>
```

从中删除 c 节点,得到一个新节点列表的代码如下:

```
<ul>
    <li key = "a"> a </li>
    <li key = "b"> b </li>
    <li key = "d"> d </li>
    <li key = "e"> e </li>
</ul>
```

上述的节点变化可以描绘为如图 2-17 所示。

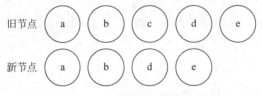

图 2-17　节点删除,新旧 vnode

可以看到,此时新旧节点的主要区别在于新节点的 b 节点之后少了一个 c 节点,综合上述两种情况,可以知道新旧子节点拥有相同的头尾节点,对于相同的节点,只需比对更新,而对于 diff 算法它的第 1 步是从头部开始同步比较。

1. 同步头部节点

首先会遍历开始节点,判断新老的第 1 个节点是否是同一个节点,如果相同,则执行 patch

方法更新差异,然后往下继续比较,如果不同,则执行 break 方法跳出。可以看到在图 2-18
中,新节点的 a 与旧节点是一样的,然后去比较 b,b 也是相同的节点,再去比较 c 对比 d 节点,
发现不一样了,这个对比的过程就会停止,同步头节点的过程如图 2-18 所示。

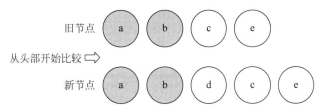

图 2-18　vnode 同步头节点

2．同步尾部节点

接着来看同步尾部节点的流程,其具体的过程如图 2-19 所示。

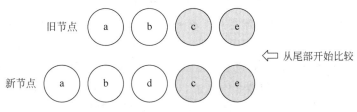

图 2-19　vnode 同步尾节点

同步尾部节点从尾部开始,依次进行对比,如果相同,则执行 patch 更新节点,如果不同,
则同步过程结束。

3．新子节点添加

根据上面的操作,目前新节点还剩下一个新增节点 d,此时会去判断旧节点是否已经遍历
完毕,然后直接新增真实的 DOM 节点 d,该过程如图 2-20 所示。

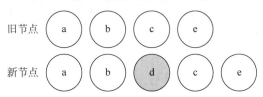

图 2-20　新子节点序列新增节点

4．旧节点删除

如果是旧节点还剩下一个多余节点,则会去判断新节点是否遍历完成,如果新节点遍历完
成,则如图 2-21 所示的旧节点中的 d 节点要卸载。

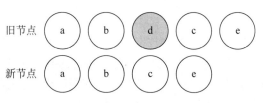

图 2-21　旧子节点序列删除节点

当然上述情况不能覆盖所有的场景,如果新旧节点都有多个子节点,则需要处理的情况更复杂,Vue 3 是如何处理的呢? 为了结合移动、新增和卸载的操作,在这里引入一个新的案例,如图 2-22 所示。

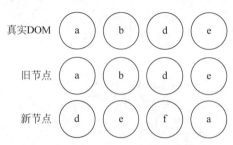

真实DOM　a　b　d　e

旧节点　a　b　d　e

新节点　d　e　f　a

图 2-22　新旧 vnode 有多个节点需要处理

结合上述的几个案例可以发现一个规律,每次在对元素进行移动时,如果想要移动的次数最少,就意味着需要找到一部分元素相对不动的部分。那么这些保持稳定不动的元素有什么规律呢? 例如图 2-22 所示的例子,旧节点为 a、b、d、e,新节点为 d、e、f、a,在比对时,可以看出只需要将旧子节点序列中的 a 移动到最后,然后卸载 b,新增 f 就可以得到新子节点序列。其中,d、e 节点在新旧节点的相对位置是不变的,所以 d、e 节点可以在新旧节点对比更新时位置保持不变,而且 e 节点紧跟在 d 节点的后面,其对应的下标是递增的。

由此可以引出一个概念——最长递增子序列。它的定义为在一个给定的数组中,找到一组递增的数值,并且长度尽可能地大。现在通过一个具体的例子来介绍这个概念,具体的代码如下:

```
//定义 arr 数组
const arr = [10, 9, 2, 5, 3, 8,18]
//求最长递增子序列
constresult = [2, 3, 8, 18]
```

arr 数组的最长递增子序列为[2,3,8,18]。最长递增子序列符合 3 个要求:

(1) 子序列内的数值是递增的。

(2) 子序列内数值的下标在原数组中是递增的。

(3) 这个子序列是能够找到的最长的序列。

如果能找到旧节点在新节点序列中顺序不变的节点就可以得到哪些节点不需要移动,然后把不在这里的节点插入进来就可以了。最后要呈现出来的顺序是新节点的顺序,需要移动的只是旧节点,所以要找到旧节点对于新节点中最长顺序不变的节点,最后通过移动个别节点,就能够跟新节点保持一致,所以在此之前,需先把所有节点都找到,再找对应的序列,其操作过程如图 2-23 所示。

假设旧节点的数组[a,b,d,e]对应的下标为[0,1,2,3],那么新节点元素对应旧节点的数组下标为[2,3,新增,0],在之前的章节中提到过 patchFlag 值为 0 代表的是不进行更新而是做新增或者删除操作,所以其他元素坐标需要顺延加 1,所以最后的新节点数组下标为[3,4,0,1]。下面通过图例加文字说明的形式为读者描述在上述案例中的旧节点转变为新节点的具体过程。

首先遍历旧节点,获取第 1 个节点 a,再去新节点列表中找相同的节点,找到新节点中的 a,它在新节点的下标为 3(第 4 个元素,对应的数组下标为 3),把当前旧节点的下标加进去,由于 0 代表的是新增,其他元素坐标需要顺延加 1,所以最终得出 a 节点在旧节点中的下标为 0+1,此时新节点对应的数组下标为[0,0,0,1]。由于 a 节点在新旧节点中均存在,所以此时会去执行 patch 方法将新旧节点的差异部分对齐,例如新旧 a 节点的 class 不一致,此时便会去执行更新 class 的方法,之后 a 节点遍历完成,如图 2-24 所示。

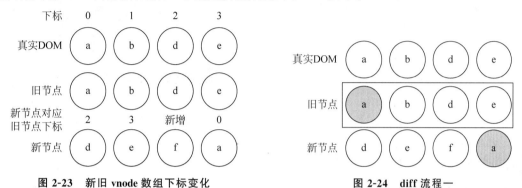

图 2-23 新旧 vnode 数组下标变化   图 2-24 diff 流程一

遍历到第 2 位 b,而 b 在新节点中不存在,此时会执行 unmount 方法,卸载 b 节点,此时真实 DOM 也发生了变化,该过程如图 2-25 所示。

继续遍历到第 3 位 d,在新节点列表中找相同的节点 d,下标为 0,于是在数组的第 0 位下标中,把当前旧节点的 d 下标+1(d 节点在旧数组中的下标为 2)并放入数组,此时新节点对应旧节点的数组下标为[3,0,0,1],并且此时也会去执行 patch 方法,这个过程如图 2-26 所示。

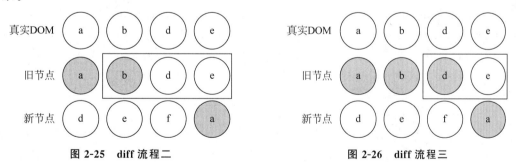

图 2-25 diff 流程二   图 2-26 diff 流程三

遍历到第 4 位 e,同理,在新节点中找到后把当前旧节点的 e 下标+1(e 节点在旧数组中的下标为 3)并放入数组,此时新节点的数组下标为[3,4,0,1],并且此时也会去执行 patch 方法,这个过程如图 2-27 所示。

遍历完后,最后得到的新节点对应旧节点的下标数组为[3,4,0,1],并且此时已经执行了有相同节点的 patch 方法和多余节点的 unmount 方法。最后得到新节点对应旧节点的下标的最长递增子序列为[3,4],这个下标对应的旧节点为 d,e 元素,在新节点 d 和 e 元素对应的下标为[0,1],也就是说新节点的第 0 位 d 和第 1 位 e 在新旧节点中的相对位置是不变的,可以进行整体操作。最后为[3,4,0,1]下标中 0 的下标为新增,使用 mount 方法新增 f 节点,这个过程如图 2-28 所示。

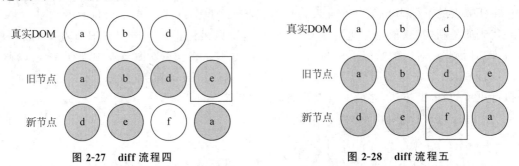

图 2-27　diff 流程四　　　　　　图 2-28　diff 流程五

自此,旧节点遍历完成,同时目标节点生成,组件完成了更新。

本节通过解读 Vue.js 模板编译并加以源码分析为读者介绍了在 uni-app 中 *.vue 文件是如何被解析为.js 文件并最终转换为真实 DOM 的过程及在 DOM 更新过程中涉及的 diff 算法,其中涉及的 Vue.js 相关的知识比较多,不过现在也不需要马上弄明白。有些在实际开发过程中所涉及的知识点会在接下来的章节中辅以实际案例继续进行解读。

2.4　本章小结

本章创建了第 1 个 uni-app 应用程序,分析了其工程目录结构和全局配置文件,详细解读了应用项目首页页面元素与 index.vue 文件中代码的对应关系,并将 HTML、Vue.js、小程序等技术与 uni-app 进行了对比,详细地解读了 uni-app 中各个标签、组件、API 与它们之间的区别及联系。最后介绍了 uni-app 中 *.vue 文件是如何编译为 *.js 并生成 DOM 元素及 DOMDIFF 算法。通过了解这些知识,相信各位读者对 uni-app 框架设计及运行流程已经有了更加深入的理解,并完成了第 1 个项目的创建与运行。当然,如果是不太熟悉 Vue.js、HTML 和小程序相关技术的读者,则不一定能马上明白其中具体的细节。在接下来的章节中会通过修改默认模板项目的方式介绍 uni-app 相关的调试技术并将通过 HBuilder X 重新编译打包为微信小程序包,通过实际操作来进一步强化 uni-app 中技术点的运用。

第3章

感受 uni-app

本章将通过修改及调试默认模板项目为读者介绍 uni-app 项目的调试技术,并将项目重新编译打包为微信小程序能运行的包,以此来体验 uni-app 跨平台的便利性,之后将通过对比使用 uni-app 开发微信小程序及使用微信开发者工具的方式来为读者介绍 uni-app 对比原生开发微信小程序的优势,并通过这样的对比方式来向读者介绍 uni-app 中的技术原理。

3.1　Web 端运行调试 uni-app

在项目研发的过程中程序往往会不断地经历编码、编译、运行、调试这些阶段。在之前的章节中已经为读者介绍过编译和运行的概念,所谓编译是指将开发者编写的代码翻译成目标语言或者指令,经历多次翻译后最终变为计算机可以识别的二进制语言。所谓运行是指将程序运行起来,此时开发者可以一边修改代码一边立即看到修改后的结果,同时可以打印 log 日志。而调试,也称为 Debug,是指在运行的基础上,进一步可以打断点、单步跟踪、看堆栈信息,以此来排查及修复程序在运行过程中发生的错误。

uni-app 可以用 CLI 工具提供的 npm 命令对程序进行调试,但更重要的是 uni-app 的专用开发工具 HBuilder X,它提供的调试工具可以帮助开发者更好地开发 uni-app 项目。简要来讲,HBuilder X 为 uni-app 提供了内置的 Web 浏览器、Web 端调试环境、App 的真机运行环境、App 调试环境、uniCloud 运行环境、uniCloud 调试环境,极大地提高了开发者的效率。本章将重点讲述 uni-app 项目在 HBuilder X 中在 Web 端、App 端及微信小程序平台中如何进行调试。

3.1.1　uni-app 在 Web 端调试运行

打开 uni-app 项目的页面,单击 HBuilder X 右上角的预览按钮,如果是第 1 次运行,则会提示需要下载内置浏览器,单击 Yes 按钮即可完成插件的安装,安装该插件时弹出的窗口如图 3-1 所示。

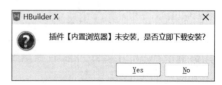

图 3-1　安装内置浏览器插件

编译运行成功后可以在内置浏览器里看到项目首页展示。该首页如图 3-2 所示。

如果程序在运行中修改并保存工程源码,则会触发自动编译,对应的浏览器所显示页面也会进行热加载。在 HBuilder X 控制台里,可以直接看到热加载时的日志,输出如图 3-3 所示。

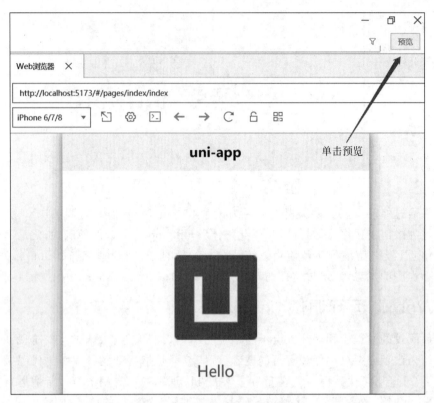

图 3-2　在内置浏览器中预览

```
App Launch   at App.vue:4
App Show   at App.vue:7
[vite] hot updated: /pages/index/index.vue
hmr update /pages/index/index.vue
```

图 3-3　HBuilder X 热更新

💡**注意：** HBuilder X 3.3.3＋ 编译器改为 vite，之前版本的编译器为 webpack。

通过单击控制台打印的日志，还可以直接跳转到对应的代码处，其操作如图 3-4 所示。

💡**注意：** 浏览器控制台打印的日志无法转到代码，只有在 HBuilder X 控制台打印的日志才能转到代码，而且当运行到外部浏览器时也没有这个功能，只有通过 HBuilder X 内置浏览器才可以实现跳转功能。

3.1.2　uni-app 在 Web 端同步断点

HBuilder X 中有两种断点调试方案，一种是使用浏览器自带的调试控制台，另一种是使用 HBuilder X 的调试控制台。在 HBuilder X 内置浏览器中，首先单击"显示开发者工具"按钮，如图 3-5 所示，可以看到该内置浏览器的控制台。

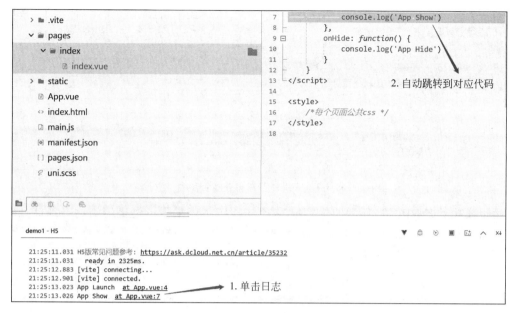

图 3-4 使用内置浏览器调试

图 3-5 打开内置浏览器控制台

之后在控制台中找到要调试的源码后右击,可以直接将断点同步到内置浏览器的调试工具,该操作如图 3-6 所示。

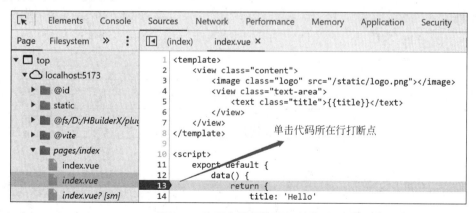

图 3-6 使用内置浏览器打断点

同样地,也可以使用外部浏览器对项目进行调试操作。首先将项目运行到外部浏览器,单击"运行"→"运行到浏览器"→选择对应浏览器,该操作如图 3-7 所示。

图 3-7　使用外部浏览器运行项目

运行成功后在如图 3-8 所示的位置编写 debugger 指令来告诉浏览器当运行到此处时需要进行断点同步。

```
debugger
return {
    title: 'Hello'
}
```
通过debugger指令来打断点

图 3-8　通过 debugger 指令打断点

按下 F12 键打开浏览器开发模式,之后再按下 F5 键刷新页面,此时页面会重新渲染,当执行到 debugger 这条指令后浏览器就会进入断点状态,此时页面的显示如图 3-9 所示。

图 3-9　浏览器进入断点后的页面显示

3.1.3　uni-app 在 Web 端中 Debug

uni-app 项目运行到 Web 后,支持在 HBuilder X 自带的调试面板中调试 JavaScript 代码。因为使用了 Chrome Debug 协议,在 Debug 过程中需要本机安装 Chrome 浏览器,调试支持的文件类型包括 Vue 文件、Nvue 文件、TypeScript 文件、JavaScript 文件,并且断点只能打在 JavaScript 或 TypeScript 代码中。

💡注意:请勿在 template、style 等节点上添加断点,这会导致项目无法正常编译。

下面通过一个案例来介绍如何在 Web 端进行 Debug 操作。首先修改 index.vue 文件,代码如下:

```
//第 2 章/DebugIndex.vue
<template>
    <view class = "content">
        <!-- 单击图片触发 hello 方法 -->
        <image class = "logo" src = "/static/logo.png" @click = "hello()"></image>
        <view class = "text-area">
        <text class = "title">{{message}}</text>
```

```
            </view>
        </view>
    </template>
    <script>
        export default {
            data() {
            return {
                title: 'Hello',
                message: ''
            }
            },
            onLoad() {

            },
            methods: {
            //hello 方法会将 message 赋值为 Hello uni-app
            hello(){
            this.message = this.title + 'uni-app'
            }
        }
    }
    </script>
```

修改之后的首页如图 3-10 所示。

图 3-10 修改后的首页

通过单击 logo 图片触发 hello 方法，之后 message 的值通过字符串拼接最终变为 Hello uni-app，下面通过进入 Debug 模式来追踪 message 在程序中值的具体变化。首先单击 HBuilder X 工具控制台中的红色虫子按钮选择安装对应的 Debug 插件，该按钮如图 3-11 所示。

图 3-11 启用 Chrome 调试按钮

单击红色虫子按钮后选择开启
Chrome Debug 后会出现一个弹窗,显
示是否安装 JavaScript 运行调试插件,
单击"安装"按钮即可完成安装,该提示
框如图 3-12 所示。

图 3-12　安装 Debug 插件

> 💡 **注意**:如果使用外部浏览器对 uni-app 项目进行调试,则 HBuilder X 默认只支持
> Chrome 浏览器。

与之前添加断点的方法相似,此时在需要同步断点的代码行双击即可添加或删除断点。
在触发断点之后可以在"调试视图"中看到程序在运行过程中变量及其堆栈的变化信息,该调
试视图页如图 3-13 所示。

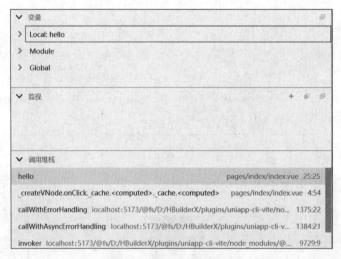

图 3-13　查看 Debug 视图

在 Debug 模式下将鼠标悬停在 message 变量上,可以看到 message 的具体值,如图 3-14
所示。

图 3-14　Debug 模式下查看变量值

而在调试视图的最上方可以进行相应的断点操作,如图 3-15 所示。

图 3-15　调试操作

这 4 个按钮分别对应以下操作。

1. 继续操作

对应快捷键 F8,继续操作代表进入下一个断点,这个操作应该是在调试过程中最常用的。

2. 下一步操作

对应快捷键 F10,下一步操作代表执行下一条语句,如果不想看当前方法内部执行的具体过程,则可以使用该操作,它会跳过当前的方法并进入下一种方法。

3. 进入操作

对应快捷键 F11,进入操作则代表查看该方法的内部执行情况,如果想看当前方法的具体内部实现,则可以使用此操作。

4. 返回操作

对应快捷键 Shift＋F11,代表继续执行当前的方法直到最后一行,当在调试过程中进入一个嵌套调用但又不想看这个函数具体的内部实现时,该快捷键可以让断点直接进入下一个函数。

除了可以通过鼠标悬停的方式查看变量的具体值,还可以通过对变量添加监视来检测数据,查看变量,这个的操作如图 3-16 所示。

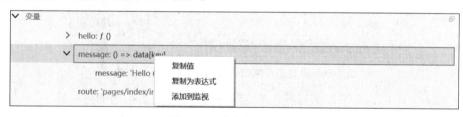

图 3-16 对变量添加监视

在添加完成之后就可以在监视栏中看到这个变量的具体值了,其显示值如图 3-17 所示。

图 3-17 在监视栏中观察变量

以上讲述的内容基本覆盖了在开发 Web 端时所需要的调试技术。当然 HBuilder X 支持的调试功能不仅于此。在 3.2 节中会介绍如何在 HBuilder X 中进行真机运行调试。

3.2 真机运行调试 uni-app

所谓的"真机运行"是指使用真实的手机或手机模拟器来连接,以此进行测试,在 Android 平台 HBuilder X 支持安卓调试桥接(Android Debug Bridge,ADB)协议,在 HBuilder X 运行的计算机上,可以使用 USB 线连接 Android 设备,也可以使用安装在计算机上的 Android 模拟器(包括谷歌官方模拟器或者第三方模拟器如"雷电""夜神"等),而真机运行的目的,是为了实现代码修改的热刷新,避免打包后才能看到效果。开发者通过调试在 HBuilder X 中的代码,就能在手机上实时看到修改效果,并且可以在 HBuilder X 控制台看到相关的日志信息。

3.2.1 运行到 Android 基座

选中项目之后通过 HBuilder X 顶部运行菜单来打开运行入口,选择"运行"→"运行到手机或模拟器"→"运行到 Android App 基座",该操作如图 3-18 所示。

图 3-18 通过运行选项运行到 Android App 基座

也可以通过单击菜单栏上的运行按钮来选择"运行到 Android App 基座",如图 3-19 所示。

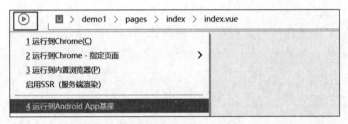

图 3-19 通过运行按钮运行到 Android App 基座

相比于通过 HBuilder X 顶部运行菜单,工具栏运行按钮下可选的内容较少,只保留了最常用的运行入口。

当单击运行到 iOS 或 Android 设备时会弹出设备选择的界面,需选择将要连接的手机设备或模拟器。可以多设备运行,每个运行设备会在 HBuilder X 底部控制台新开一个独立窗口,互不干扰,但一个设备同时只能运行一个项目,不同的项目运行到相同手机只有最后一个项目生效,该设备选择界面如图 3-20 所示。

图 3-20 选择 Android 设备

因手机差异较大,HBuilder X 并没有提供 App 的模拟器。下面介绍如何使用 Android 模拟器和 Android 手机进行调试。

3.2.2　使用 Android 模拟器运行调试

谷歌官方有自己的模拟器,可以在 Android Studio 中安装不同版本的模拟器,当然市场上也有很多成熟的第三方 Android 模拟器,这里就不推荐了,可自行搜索安装。在安装好后保持模拟器打开状态,单击刷新后会自动获取该设备,如图 3-21 所示。

图 3-21　获取 Android 模拟器信息

检测到模拟器之后选择"使用标准基座运行",单击"运行"按钮。注意这里选择标准运行基座,是 DCloud 为了方便开发者低门槛调试而提供的,此基座 App 使用的是 DCloud 的包名、证书和第三方 SDK 配置。在原生层不变的情况下,JavaScript 等动态代码可以在基座上动态加载,以实现热重载运行。如果选择自定义基座,则表示需要开发者自定义原生层,需要执行一遍 iOS 或 Android 的打包流程,由 XCode 或 Android Studio 编译打包生成 IPA 或 APK 安装包,但打包后无法方便调试,不能热重载和显示控制台日志。

单击"运行"按钮,项目在经过编译后会自动打开模拟器的 ADB 文件完成连接,如果是第 1 次连接,则会显示下载调试基座及需要应用授权等信息,确认之后重新运行即可。模拟器连接过程中的日志输出如图 3-22 所示。

```
项目 'demo1' 开始编译...
编译器版本: 3.8.4 (Vue 3)
请注意运行模式下,因日志输出、sourcemap 以及未压缩源码等原因,性能和包体积,均不及发行模式。
正在编译中...
项目 'demo1' 编译成功。
ready in 1385ms.
正在建立手机连接...
手机端调试基座版本号为3.8.4,版本号相同,跳过基座更新
正在同步手机端程序文件...
同步手机端程序文件完成
正在启动HBuilder调试基座...
应用【demo1】已启动
```

图 3-22　HBuilder X 连接到 Android 模拟器

连接完成之后,在模拟器中可以看到如图 3-23 所示的项目首页。

3.2.3　使用 Android 手机运行调试

首先确认 Android 手机设置中 USB 调试模式已开启。通常该模式可以在手机的设置中找到,部分手机在插上数据线后在系统通知栏里也可以设置,注意不能设置为 U 盘模式,如果是充电模式,则必须同时设置充电时允许 USB 调试。不同的机型对应的打开开发者模式的方法也有所不同,这里无法一一列举。连接之后模拟器会显示相关授权选项,单击允许后可以看到如图 3-24 所示的设备信息。

图 3-23　Android 模拟器运行项目

之后单击运行,和运行在模拟器中相同,在 HBuilder X 的控制台中可以看到这个连接过程的日志输出,日志打印的信息如图 3-25 所示。

图 3-24　获取 Android 设备信息　　　　图 3-25　连接到 Android 手机日志输出

同样地,在手机设备上也可以看到该项目的首页,如图 3-26 所示。

图 3-26　项目运行到 Android 手机

3.2.4　uni-app 在 Android 系统中 Debug

和在 Web 端进行 Debug 操作类似,首先需要单击控制台右侧的红色虫子按钮,此时会提示需要下载 uni-appApp 端调试插件,下载完毕后单击重新运行就可以在 HBuilder X 中调试手机端应用了,其具体操作如图 3-27 所示。

图 3-27　在 Android 系统中进行调试连接

如果使用 Android 手机连接到调试服务,则需要注意以下几点:

(1) Android 手机和 PC 需要处于同一局域网。

(2) Android 手机使用移动网络会导致无法连接调试服务。

(3) Android 手机使用 VPN 等代理设置会导致无法连接调试服务。

(4) PC 设置了防火墙。

在安装完插件并进入调试模式后,HBuilder X 中会弹出一个调试工具窗口。和浏览器自带的开发工具类似,该窗口允许开发者添加断点、查看日志、使用快捷键进行调试操作等,该工具窗口如图 3-28 所示。

图 3-28　HBuilder X 内置 Debug 插件窗口

以上的内容基本覆盖了在开发 uni-app 项目的 App 端时所常用的调试技术。这里需要特别注意的就是在连接 Android 手机进行调试时可能会遇到连接不上的情况。具体需要注意以下几点:

(1) 确保计算机已安装相应的手机驱动。

(2) 确保数据线或 USB 口正常,可替换不同的线或口来验证。

(3) 确认 Android 手机设置中 USB 调试模式已开启,注意不能设置为 U 盘模式,如果被设置为充电模式,则必须同时设置充电时允许 USB 调试。

(4) 如手机屏幕弹出需信任本计算机的询问,则需同意该授权。

(5) Android 5.0 及以上系统,不要使用访客模式,在这种模式下无法成功运行。

(6) 部分手机有 USB 安装应用的权限设置,需要在手机上允许通过 USB 安装应用。

由于不同厂商的手机/模拟器差异较大,在连接过程中可能会遇到不同的问题,在这里无法一一列举。如果在操作过程中遇到了难以解决的问题,则除了用搜索引擎寻求解答和参阅官方资料外,还可以通过 uni-app 官方社区(https://ask.dcloud.net.cn/explore/)寻求解答。

3.3 uni-app 一键跨平台发布到微信小程序

本节将为读者介绍 uni-app 如何通过 HBuilder X 工具跨平台发布到微信小程序的具体操作。

3.3.1 配置 AppID 生成微信小程序项目

其实在小程序平台运行调试 uni-app 项目的过程中,uni-app 的项目代码已经被转换为微信开发者工具所能识别的代码。事实上跨平台发布与运行调试的过程类似。首先在 HBuilder X 的菜单栏中选择"发行"→"小程序-微信",具体操作如图 3-29 所示。

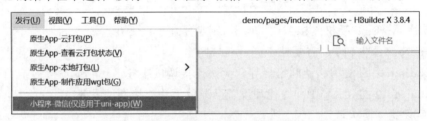

图 3-29 发布到微信小程序选项

如果发布时提示缺少 uni-app 标识 ID,则需要依据提示到官网进行用户注册并进行登录,登录到 HBuilder X 之后可以在 manifest.json 文件中获取 uni-app 的 AppID,该页面如图 3-30 所示。

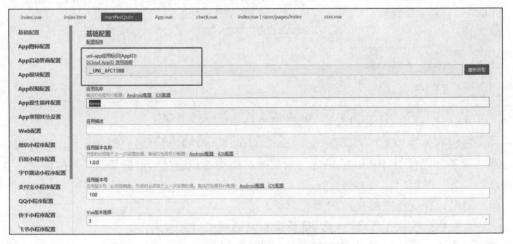

图 3-30 获取 uni-app 的 AppID

在单击微信小程序之后的弹窗中,需要填写小程序对应的 AppID,不过当前测试项目可以随意填。在后面小程序发布的阶段会为读者介绍申请小程序 AppID 的具体流程。微信小程序发行窗口如图 3-31 所示。

单击"发行"按钮,项目会被重新编译,编译完成后在项目的 unpackage 目录下会生成一个名为 mp-weixin 的文件夹,该文件夹的具体位置如图 3-32 所示。

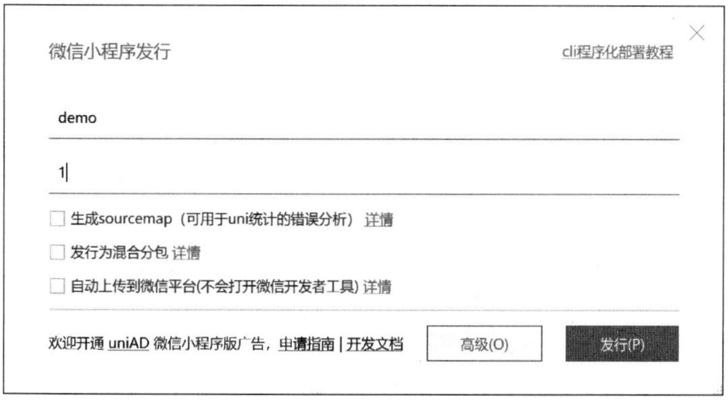

微信小程序发行   cli程序化部署教程

demo

1

☐ 生成sourcemap（可用于uni统计的错误分析）详情

☐ 发行为混合分包 详情

☐ 自动上传到微信平台(不会打开微信开发者工具) 详情

欢迎开通 **uniAD** 微信小程序版广告，申请指南 | 开发文档   高级(O)   发行(P)

图 3-31　发布到微信小程序操作窗口

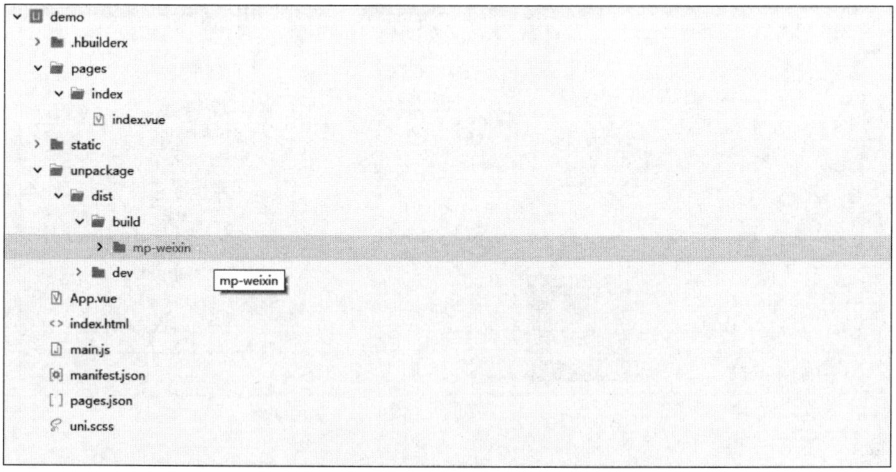

- demo
  - .hbuilderx
  - pages
    - index
      - index.vue
  - static
  - unpackage
    - dist
      - build
        - mp-weixin
      - dev
  - App.vue
  - index.html
  - main.js
  - manifest.json
  - pages.json
  - uni.scss

图 3-32　发布生成微信小程序项目

3.3.2　项目导入并运行到微信开发者工具

1min

再来看导入并运行到微信开发者工具的具体操作：首先在微信开发者工具中单击"导入"按钮，选择名为 mp-weixin 的文件夹，之后单击测试号，如果以游客模式登录该 AppID，则值touristappid 会被自动填入 AppID 中，该导入页面如图 3-33 所示。

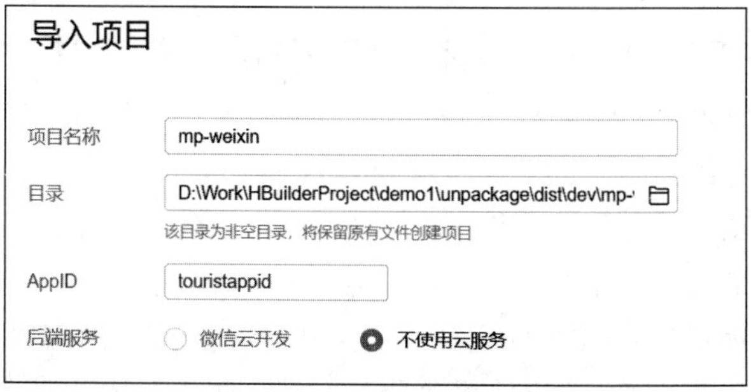

导入项目

项目名称   mp-weixin

目录   D:\Work\HBuilderProject\demo1\unpackage\dist\dev\mp-

该目录为非空目录，将保留原有文件创建项目

AppID   touristappid

后端服务   ○ 微信云开发   ● 不使用云服务

图 3-33　导入微信小程序项目

单击确定之后会出现是否信任项目并运行的界面,选择"信任并运行",项目就会被编译并运行到微信开发者工具,该界面如图 3-34 所示。

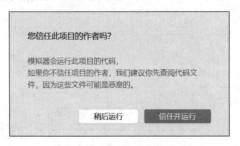

图 3-34　微信小程序运行

单击"信任并运行"按钮后,项目会被编译并运行,该项目的运行页面如图 3-35 所示。

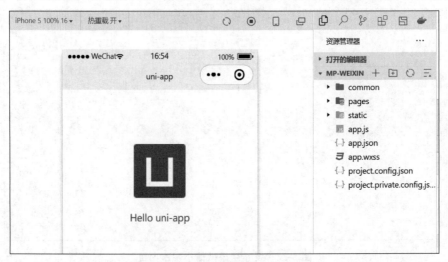

图 3-35　项目运行到微信开发者工具

3.4　微信开发者工具调试

在本节中将介绍如何在 HBuilder X 中将 uni-app 项目导入微信开发者工具并进行调试的相关操作。

3.4.1　通过 HBuilder X 运行到微信开发者工具

在微信小程序中的调试操作和 Web 端、App 端调试操作类似,选择"运行"→"运行到小程序模拟器"→"微信开发者工具",如图 3-36 所示。

选择"微信开发者工具"后会出现微信开发者工具路径的配置界面,如图 3-37 所示。

通过该弹窗底部的 URL 网址可以进入微信开发者工具的下载页,下载对应系统的最新稳定版即可。配置完成后,单击"确定"按钮后项目会重新开始编译,同时在日志输出的控制台区域会出现名为小程序-微信的标签页,该标签页及具体的日志输出信息如图 3-38 所示。

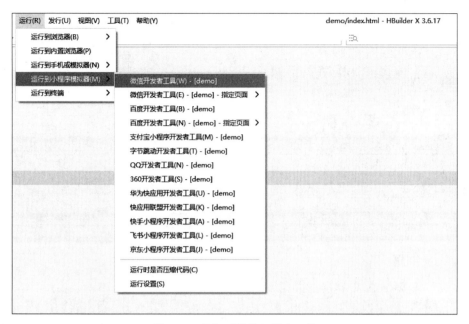

图 3-36 运行到微信开发者工具

图 3-37 微信开发者工具路径的配置界面

图 3-38 小程序-微信标签页日志输出

在编译的过程中会提示要打开微信开发者工具的服务器端口,可以通过在控制台输入命令或者打开微信开发者工具手动打开服务器端口。手动打开的方式:打开微信开发者工具并单击右上方齿轮按钮,打开微信设置,该设置页面如图 3-39 所示。

之后会出现设置页面。单击"安全"按钮,并在出现的配置页面中打开服务器端口,该操作如图 3-40 所示。

打开服务器端口再次运行,此时会直接打开微信开发者工具并运行该项目,并且在 HBuilder X 中修改并保存的文件会自动地被刷新到微信模拟器。当前项目运行到微信开发者工具的首页,如图 3-41 所示。

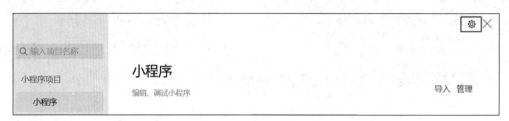

图 3-39　打开微信开发者工具服务器端口

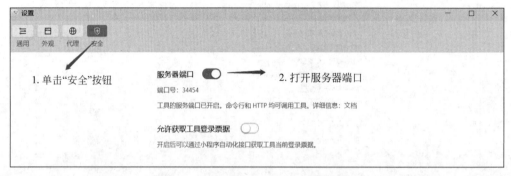

图 3-40　打开微信开发者工具服务器端口

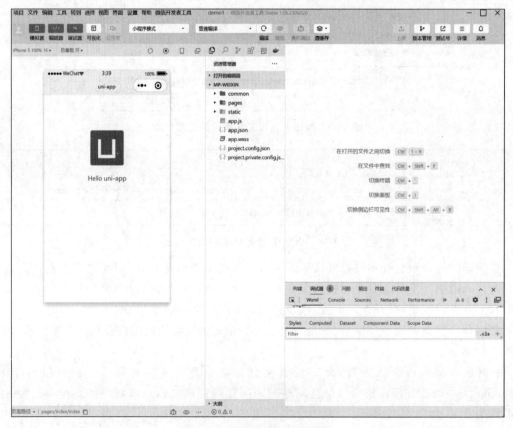

图 3-41　微信开发者工具首页

3.4.2　微信开发者工具调试

通过微信开发者工具调试页面的样式和一般的 Web 项目的调试操作类似，调试器 Wxml 栏下通过调试的箭头选中元素即可查看相应的节点和样式，该操作如图 3-42 所示。

图 3-42　使用微信开发者工具查看页面元素

在调试 JavaScript 代码时需要切换到 Sources 栏，在 appContext 中找到对应的页面路径并选中想要调试的 JavaScript 代码进行调试（如果 JavaScript 代码被压缩过，则可单击右下角的{}格式化代码），该操作如图 3-43 所示。

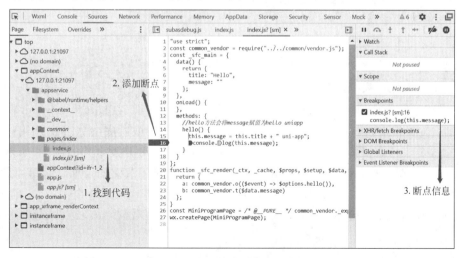

图 3-43　使用微信开发者工具调试

上述即为 uni-app 项目跨平台发布到微信小程序的具体流程,以及在微信开发者工具中如何进行调试操作。在实际操作过程中,因为考虑到不同平台下的兼容问题,所以在每个模块功能编写完成之后最好在不同平台提供的开发者工具下进行调试自检,以保证编写的代码在各个平台下所呈现的效果是一致的。在 3.5 节将会对比 uni-app 开发微信小程序与微信小程序原生开发 uni-app 的优势,以此来进一步介绍 HBuilder X 是如何"帮助"开发者高效率、高质量完成 uni-app 开发的。

3.5 uni-app 开发微信小程序与微信小程序原生开发对比

本节将从功能实现、性能体验、社区生态、开发体验、未来扩展性这 5 个方面来对比 uni-app 开发小程序和微信原生开发,并通过这种对比方式来进一步介绍在开发过程中 uni-app 是如何提高开发者的效率的。微信原生开发小程序有不少糟心的地方:

(1) 很多能提升性能和效率的工具(例如 node、webpack、预编译器等)对原生 wxml 开发的支持不太好,这势必会影响开发效率及工程的构建流程,所以无论是公司还是个人开发者都愿意使用框架进行开发。

(2) 微信小程序开发使用了私有语法,相较于主流 Vue.js 框架这套私有语法的通用性较差。

(3) 基于 Vue.js 开发规范的 uni-app 有非常丰富且专业的开发工具,而微信开发者工具对于这些高效的工具要略逊一筹。作为开发者,有时除了微信小程序,往往还要兼顾 Web 开发、其他小程序平台开发甚至是 App 开发,如果来回切换开发工具和语法变更,则势必会给开发人员带来极大的负担。选择跨平台框架自然可以解决这些问题,但是使用框架开发之后开发者又会有以下顾虑:

① 使用了 uni-app 跨平台框架之后,无法实现微信小程序中的某些功能。

② 使用了框架之后其性能不及原生开发。

③ 社区生态不完善,出现问题无法及时解决。

④ 开发体验上手难。

⑤ 如果项目需要跨平台发布,则可能存在扩展性问题。

下面就以这 5 个问题作为出发点逐个进行分析比对。

3.5.1 功能实现对比

先来设想这样一个问题,如果小程序迭代升级,新增了一批 API,如果 uni-app 框架未及时更新,则会对功能实现有影响吗? 其实这是误解,uni-app 不限制底层 API 的调用。在小程序端中 uni-app 支持直接编写微信原生代码。对比于传统 Web 开发框架的使用,如果开发者无法使用浏览器提供的 JavaScript API,则这样的框架肯定是不成熟的且难以商用,而 uni-app 作为一款成熟的框架,可以调用微信小程序所提供的所有原生代码。举个例子,目前 uni-app 虽然尚未封装跨平台的广告组件,但在小程序端依然可以使用微信<ad>组件展现广告,代码如下:

```
//第3章/ad.vue
< view >
< view class = "title">微信官方 banner 广告</view >
        < view style = "min－height: 50px;">
                <!-- uni－app 未封装,直接使用微信原生的 ad 组件 -->
                < ad unit－id = "adunit－xxxxxx"></ad >
    </view >
</view >
```

当然不仅是小程序广告组件,还包括微信小程序自定义组件、WXS、云开发等复杂功能,在 uni-app 里一样都是支持的,所以使用 uni-app 框架开发小程序在功能上和原生开发没有区别,不会有任何限制。

3.5.2　性能体验对比

为了屏蔽非必要的细节让开发者能够投入更多精力在解决业务问题上,相较于原生开发 uni-app 的框架内部做了层层封装,但作为开发者可能会疑问封装的框架是否会增加运行负载,从而导致性能下降,但实际上使用框架开发不仅能有效地提高开发效率,而且性能往往不会比原生开发差,类似于使用 Vue.js 开发 Web App,对比 JavaScript 进行原生开发,不但不会造成性能下降,反而由于虚拟 DOM 和差量更新技术的运用,在大多数场景下,比开发者手动写代码操作 DOM 的性能要好。同样,uni-app 作为一款成熟的框架不会导致性能下载,因为在很多环节做了自动优化,所以在绝大多数场景下其性能比微信原生开发更好,而在小程序中需要频繁地写 setData 代码来更新数据,而且要做差量数据更新。如果不做差量,则代码性能不好,但是每处逻辑都判断差量数据更新,那代码又会显得比较冗余,而使用 uni-app,底层自动进行差量数据更新,简单而高性能。下面以 setData 数据更新方法来展开性能优化的详细说明。

这里引用微信官方的描述,简单介绍 setData 背后的工作原理:小程序的视图层目前使用 WebView 作为渲染载体,而逻辑层是由独立的 JavaScriptCore 作为运行环境。在架构上,WebView 和 JavaScriptCore 都是独立的模块,并不具备数据直接共享的通道。当前,视图层和逻辑层的数据传输,实际上通过两边提供的 evaluateJavascript 所实现。

简单地说就是微信将 evaluateJavascript 调用封装成了 setData(JavaScript)方法,从而实现视图层和逻辑层的数据传输,数据流如图 3-44 所示。

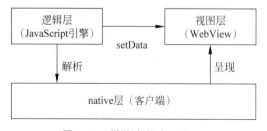

图 3-44　微信小程序 setData

setData 的执行会受到很多因素的影响,当 setData 每次传递数据量过大或频繁被调用时都可能引发性能问题,而针对这些问题 uni-app 进行了优化处理。

1. 减少 setData 传递数据量

假设当前页面有一个列表(初始值为 a、b、c),现在要向列表后追加 3 个新的列表项(d、e、f),在小程序中的代码如下:

```
//第3章/wxSetData.js
page({
    data:{
        list:['a','b','c']
    },
    add:function(){
        let addData = ['d','e','f'];
        this.data.list.push(...newData);
        this.setData({
            list:this.data.list
        })
    }
})
```

在 add 方法被执行时,会将 list 中的 a、b、c、d、e、f 这 6 个列表项通过 setData 全部传输过去,而在 uni-app 中这段代码如下:

```
//第3章/uniappSetData.js
export default{
    data(){
        return {
            list:['a','b','c']
        }
    },
    methods:{
        add:function(){
            let addData = ['d','e','f'];
                this.list.push(...newData)
        }
    }
}
```

可以看到在 uni-app 中执行 add 方法时,仅会将 list 中的 d、e、f 这 3 个新增列表项传输过去,大大简化了 setData 的传输量。uni-app 借鉴了 westore 中 JSON Diff 库的方法,在调用 setData 之前,会先比对历史数据,首先计算出有变化的差量数据,然后调用 setData,仅传输变化的数据,这样的差量传递可以极大地减少 setData 传输的数据。

2. 减少 setData 的调用频次

假设现在需要改变多个变量值,微信原生开发代码如下:

```
change:function(){
    this.setData({a:1});
    this.setData({b:2});
    this.setData({c:3});
}
```

4次调用 setData 改变变量就会引发多次逻辑层、视图层之间的数据通信,而在 uni-app 中的代码如下:

```
    change:function(){
this.a = 1;
this.b = 2;
this.c = 3;
}
```

从原生开发的多次操作被改为一条数据,最终仅调用一次 setData 即可完成赋值操作,从而大幅度地降低了 setData 的调用次数。

3.5.3　社区生态对比

小程序由于是自造的生态,其脱离了 Web 应用的相关标准,所以有很多 Web 生态中的轮子无法使用,而相对于小程序,uni-app 的周边生态非常丰富,其插件市场有近上千插件,而且 uni-app 兼容小程序的生态,各种自定义组件均可直接引入并使用。在此基础上,uni-app 的插件市场还有更多的 Vue.js 组件,同时可跨多端使用,并且性能优秀。这使 uni-app 的生态成为最丰富的小程序开发生态。例如富文本解析、图表等组件,uni-app 的插件性能均超过了 wxparse、wx-echart 等微信小程序组件。在社区方面 uni-app 官方有 70 个开发者 QQ/微信交流群(大多为 2 千人群,共近 10 万开发者),而且还有为数众多的第三方群。问答社区每天有数百篇帖子。其活跃度与微信小程序官方论坛相同,远超过其他小程序官方论坛。不仅如此,uni-app 的第三方培训也非常活跃,腾讯课堂官方都为 uni-app 制作了课程,各种培训网站到处可见免费或收费的 uni-app 培训视频教程,所以综上所述,在社区生态方面,uni-app 显然要略胜一筹。

3.5.4　开发体验对比

微信原生的开发语法,它既像 React Native,又像 Vue.js,对于开发者来讲,需要学习一套新的语法,这无疑会大幅提高学习成本,而 uni-app 则对开发者更为友好,它的语法简单来讲是 Vue.js 的语法+小程序的 API。它遵循 Vue.js 语法规范,组件和 API 遵循微信小程序命名,这些都属于主流的通用技术,学习它们是前端必备技能,uni-app 没有太多额外的学习成本。也就是说有一定 Vue.js 基础和微信小程序开发经验的开发者可快速上手 uni-app,并且 Vue.js 也不需要全部掌握,只需了解 Vue.js 基础语法、数据绑定、列表渲染、组件等,其他如路由、Loader、CLI、Node.js、Webpack 并不需要学,因为 HBuilder X 工具搭配 uni-app 可以免终端开发,可视化创建项目、可视化安装组件和扩展编译器,所以 uni-app 的学习门槛非常低,而且其语法几乎和 Vue.js 一致,同时 HBuilder X 为开发者优化了部分细节,所以可以说使用 uni-app 开发 Web 难度甚至比用 Vue.js 还低。

而在开发体验层面,微信原生开发相比 uni-app 有较大差距,主要体现在:

(1) uni-app 拥有更为强大的组件化开发能力,得益于 Vue.js 对组件开发的支持,相比小程序自定义组件开发的体验要好很多。

(2) uni-app 支持 Vuex 进行应用状态管理。

(3) uni-app 支持使用 SASS 等 CSS 预处理器。

（4）uni-app 支持完整的 ES Next 语法。

（5）uni-app 中可以使用自定义构建策略（可选择不同的模板进行开发）。

而开发工具对比，两者的差距更大，微信开发者工具被吐槽无数，而 uni-app 的出品公司 DCloud 旗下的 HBuilder/HBuilder X 系列已是四大主流前端开发工具之一，而且其为 uni-app 应用开发做了很多优化，所以使用 HBuilder X 开发 uni-app 的效率、易用性非微信原生开发可及，所以综上所述，uni-app 的工程化能力要远大于微信原生开发。

3.5.5　扩展性对比

uni-app 的跨端功能极大地扩展了程序员的边界，基于 uni-app 开发的小程序无须修改即可同时发布为多家小程序，甚至是 App、H5 平台。只需一套源码就可以实现多端运行，而基于 uni-app 发展出的 uni-Cloud（云服务）还有 uni-AI（人工智能服务）等生态也在不断地壮大，相信未来的 uni-app 其拓展的边界将会越来越广阔。

3.6　本章小结

本章着重介绍了 uni-app 在 Web 端调试、真机调试、微信小程序端调试的相关操作，并通过 HBuilder X 工具将 uni-app 应用跨平台发布到微信小程序。最后又从 5 方面对比了 uni-app 开发小程序及原生开发小程序的优势。通过本章的内容，相信各位读者已经掌握了 uni-app 相关的调试技术及通过 HBuilder X 工具进行跨平台发布。自此已经介绍完开发 uni-app 所需要的基本概念及基础知识。在接下来的章节中将会进行案例项目的开发，借此来进一步学习如何使用 uni-app 构建出完整应用。

客 户 端 篇

第 4 章

从 零 开 始

本章将从绘制原型图开始,介绍如何使用 Axure RP 绘制页面及与 CSS 相关的页面布局知识,介绍如何在 uni-app 中编写 CSS 代码,以便进行布局和页面元素调整,最后将案例项目进行初始化操作,为在 HBuilder X 工具中编写出对应的页面做准备。

4.1 绘制蓝图

与其他类型的工程项目类似,在软件工程领域,开发者在开始施工之前也需要有一份施工图,在此阶段软件的基本功能和呈现出的效果将会被定义,这个阶段也可称为软件设计阶段,而对应的施工设计图可称为原型图。在本章中会将为读者介绍相关原型图软件 Axure RP 的安装及使用,并在绘制原型图的过程中介绍与之相对应的 CSS 基础知识。

4.1.1 Axure RP

Axure RP 是一款专业的快速原型设计工具,由美国 Axure 公司出品,其中 RP 则是 Rapid Prototyping(快速原型)的缩写。Axure RP 能快速帮助设计者创建基于网站构架图的带注释页面的示意图、操作流程图,并可自动生成用于演示的网页文件和规格文件,以便进行演示与开发。通过 Axure RP 可以实现很多交互效果,直接通过拖曳画出原型,甚至生成网页。当然还有其他的原型设计工具(例如 Sketch、Figma 等)也可以作为备选使用。不过从使用人数、功能的全面性及易用性等方面综合考虑,建议新手入门时使用 Axure RP 进行原型图设计。

2min

首先来到 Axure RP 官方网站进行软件下载,其网址为 https://www.axure.com/download,单击页面中的 Download Axure RP 10 Now 按钮即可完成下载,该下载页面如图 4-1 所示。

下载完成之后将会得到一个 AxureRP-Setup 文件,双击执行该文件进行软件安装,按照指引完成安装之后打开该软件,其主页面如图 4-2 所示。

可以看到 Axure RP 的开发页面主要由 4 部分组成:位于左上角的是页面管理区,在这个区域开发者能够进行原型页面的管理操作;在页面管理的下方是模板选择区,其功能类似于富文本编辑,允许用户直接使用内置或者自定义组件进行图片、文字、布局等方面的设计;中间区域是设计工作区,也就是设计者进行绘制的区域;在设计工作区域的右侧则是样式调整区域,通过单击模板选择区中的元素,设计工作区域会显示出选中元素的具体颜色、大小、位置、布局等属性,而通过修改这些样式,开发者可以调整所设计的页面。

图 4-1　Axure RP 下载页面

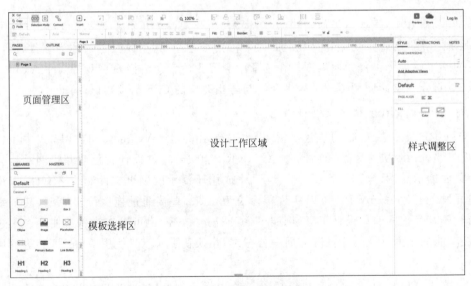

图 4-2　Axure RP 开发页面

5min

4.1.2　首页绘制

4.1.1 节介绍了原型图绘制软件 Axure RP 相关的安装操作,并对该软件的主要功能进行了介绍,本节将介绍如何使用 Axure RP 软件绘制案例项目的首页并以此进一步介绍 CSS 相关的基础知识。首先来到案例项目的首页,如图 4-3 所示。

可以看到首页被分为两部分,上半部分是该软件的信息页面,下半部分是该软件的功能展示区域,所以对应到页面设计也要将首页划分为两个区域,并且以横线分割。回到 Axure RP软件中,在页面管理区域选择 Page1 后右击并选择 Rename 重命名为 Razor-Robot,如图 4-4所示。

图 4-3 Razor-Robot 首页

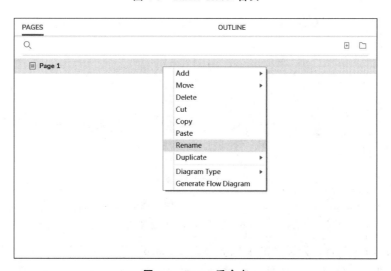

图 4-4 Page1 重命名

在重命名完成之后选中重命名之后的文件右击并选择 Add→Child Page,将新文件命名为 index,对应项目首页。该操作如图 4-5 所示。

在完成了 index 页面的创建之后就可以在设计工作区进行绘制了。首先选择 index 页面,之后选择 Box1 模板,之后在样式调整区中将 Box1 的宽度设置为 375px,将长度设置为 667px,如图 4-6 所示。

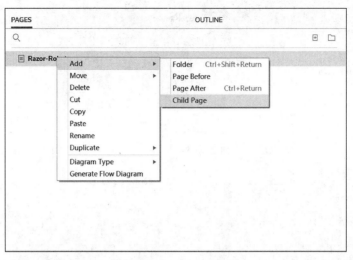

图 4-5　添加 index 页面

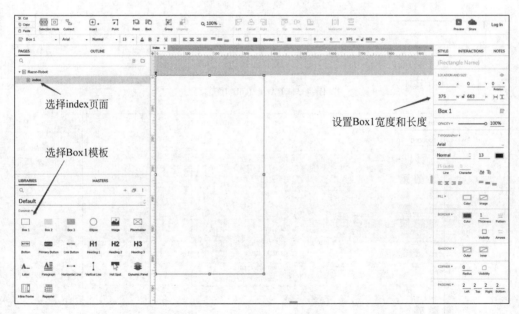

图 4-6　设置 index 页面样式

　　这里的 375px×667px 为标准的手机屏幕大小,而 px 是指长度单位,1px 代表 1 像素,它是影像显示的基本单位,而 px 要换算成物理长度,需要指定精度的每英寸像素数(Dots Per Inch,DPI),在扫描打印时一般有 DPI 可选。Windows 系统默认为 96dpi,Mac 系统默认为 72dpi。在多数情况下,这些像素会采用点或者方块显示,而每个像素可有各自的颜色值,可采用三原色显示,因而又分成红、绿、蓝 3 种子像素(RGB 色域),或者青、品红、黄和黑(CMYK 色域)。在确定好了最底层的画布大小之后,依据首页视图再将页面用横线一分为二。在模板选择区域输入 line 后在选择项中选取 HorizontalLine,并将其样式调整为宽 375px,其坐标点为(0,331),调整后的横线将位于整个画布的中间位置,该操作如图 4-7 所示。

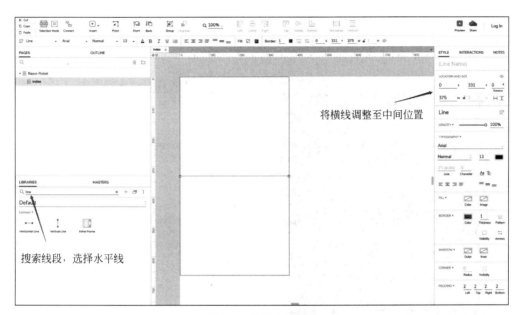

图 4-7　绘制分割线段

在设计完最底层的页面结构之后就可以开始上色了，之后选中 Box1 元素并在其对应的样式调整区域中将其 FILL（填充）的颜色设置为黑色，该操作如图 4-8 所示。

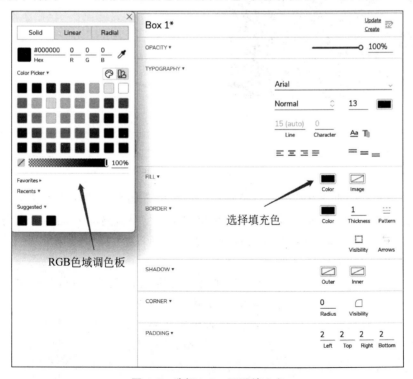

图 4-8　选择 index 页面填充色

最终绘制出的效果如图 4-9 所示。

图 4-9 index 页面绘制效果

在完成了最底层的页面结构和颜色绘制之后就可以开始填充页面的内容了,从案例项目中可以看到在页面的上半部分会显示出当前系统的相关信息及选择功能的反显内容,所以此处可以用 4 段文本来表示。这里从模板选择区域中选择 Text Field 元素并置于背景页面之上,并输入相关的文字,如图 4-10 所示。

之后再将 Text Field 元素填充为黑色并将其边框也修改为黑色,在样式调整区域的 typography 选项栏中将文本文字调整为绿色,如图 4-11 所示。

首页中其余的部分也可以如法炮制,这里直接选择刚刚处理好的上输入框并按下快捷键 Ctrl+C 再按下 Ctrl+V,调整其中的文字输入部分,这样来回操作几次就可以得到其他部分的文本框,简单调整其位置之后再将上半部分的文本框整体平移到下半部分的画布上,如图 4-12 所示。

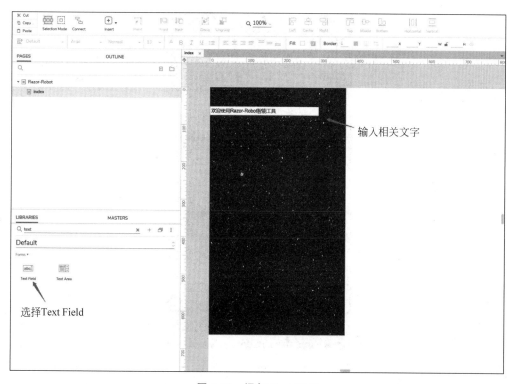

图 4-10 添加 Text Field

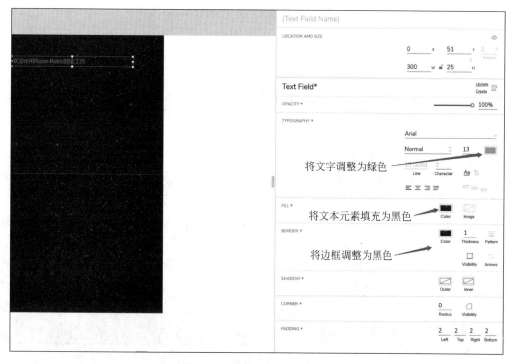

图 4-11 调整 Text Field 样式

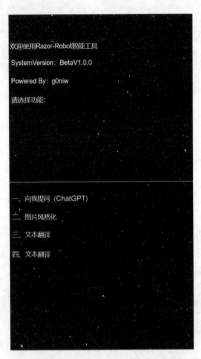

图 4-12　index 页面原型

　　当然读者也可以根据自己的偏好来设定不同的颜色配置,还有各个显示区域之间的距离和文字。到目前为止,首页的设计工作便完成了,当然现在这个只能算是草图,接下来要做的就是把设计出的原型图通过 Hbuilder X 软件描绘出来。

4.2　页面布局与样式绑定

　　首先回顾一下在 4.1 节中绘制首页的过程:确定布局大小和结构→填充最底层颜色→填充元素→调整元素样式,而 HBuilder X 编写首页与利用 Axure RP 绘图的基本思路是相似的,在填充元素之前也要进行布局工作,先划分区域,然后根据页面的各个区域从底层开始逐层向上层填充元素,这个过程可能听起来有点抽象。可以把这个过程类比于绘画,首先需要确立好基本构图,然后开始进行素描绘制,之后开始勾勒细节部分,随后开始上色,并逐层叠加。这种将抽象的编程工作具体化的思维在后续的实践中读者可以慢慢体会,虽然形容得不是那么准确,但是拥有了这种工程化的思维,就会让后续的开发工作变得有章法可言。

4.2.1　CSS 布局概述

　　在开始介绍 CSS 布局之前先来了解 CSS 中的盒子模型的概念,以 W3C 的标准盒子模型为例,其结构如图 4-13 所示。

　　其中由里向外的 4 个元素分别为 content (内容)、padding(内边距,内容与边框间的距

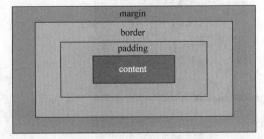

图 4-13　盒子模型

离)、border(边框)、margin(外边距,外部元素距离边框的距离),而所谓布局就是规定这些盒子元素在页面上的排列方式,而在 CSS 中有 4 种常见的布局,它们分别如下:

(1) 块级格式化上下文(Block Formatting Context,BFC)。

(2) 内联格式化上下文(Inline Formatting Context,IFC)。

(3) 自适应格式化上下文(Flex Formatting Context,FFC)。

(4) 网格布局格式化上下文(Grid Formatting Context,GFC)。

下面介绍这 4 种布局的特点及在不同的布局下元素居中排列的方式。

每个 BFC 布局的元素会独占一行,在默认情况下,BFC 元素的宽度会填满其父元素的可用宽度,因此如果不设置宽度,则 BFC 元素会自动占据整个父元素的宽度。同时,BFC 元素处于文档流的顶端,并且会另起一行来展示内容,因此常常被用作分隔或排版的基本单位,例如在 BFC 布局风格下元素水平居中的代码如下:

```
//第 4 章/BFC.vue
< template >
    < div class = "father">
        < div class = "son"></div >
    </div >
</template >

< script >
export default {
    data() {
        return {

        }
    },
methods: {

}
    }
</script >
< style >
    .father{
        / * overflow:hidden; * /
        / * position:absolute; * /
        display: flow - root;
        border:5px solid green;
        text - align:center
    }
    .son{
        width:100px;
        height:100px;
        border:5px solid blue;
        margin - left:auto;
        margin - right:auto;
    }
</style >
```

这里将 display 属性设置为 flow-root,开启 BFC 并为父元素添加 text-align:center,而在子元素中将 margin-left 和 margin-right 的值都置为 auto 使子元素在水平方向上均匀分布剩余的空间,从而实现水平居中对齐。上述代码绘制的效果如图 4-14 所示。

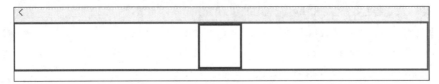

图 4-14　BFC 水平居中

而与之相对应的 IFC 的 Line Box(线框)高度由其包含行内元素中最高的实际高度计算而来(不受到竖直方向的 Padding/Margin 影响)。在 IFC 的风格下,当一个块要在环境中水平居中时,如果将其设置为 inline-block,则会在外层产生 IFC,如果通过 text-align 设置为center,则可以使其水平居中,代码如下:

```
//第 4 章/IFC.vue
< template >
    < div class = "father">
        < div class = "son"></div >
    </div >
</template >
< script >
    export default {
        data() {
            return {

            }
        },
        methods: {

        }
    }
</script >
< style >
    .father{
        width:300px;
        height:300px;
        border:5px solid green;
        text - align:center;
    }
    .son{
        width:100px;
        height:100px;
        border:5px solid blue;
        display: inline - block;
    }
</style >
```

这里将子元素 display 的属性设置为 inline-block,开启 IFC 并为父元素添加 text-align:

cent。上述代码绘制的效果如图 4-15 所示。IFC 主要用于控制内联元素的排列、布局和对齐方式,BFC 主要用于控制块级元素的排列、布局和浮动效果。

再来看 FFC 布局,也就所谓的 Flex 布局,为了创建 Flex 容器,可以将页面的 display 属性值修改为 Flex 或者 inline-flex。完成这一步之后,容器中的子元素就会变为 Flex 元素,而 Flex 容器中的所有 Flex 元素都会有下列行为。

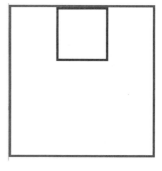

图 4-15　IFC 水平居中

(1) 元素排列为一行 (flex-direction 属性的初始值是 row)。

(2) 元素从主轴的起始线开始。

(3) 元素不会在主维度方向拉伸,但是可以缩小。

(4) 元素被拉伸来填充交叉轴大小。

(5) flex-basis 的属性为 auto。

(6) flex-wrap 的属性为 nowrap。

使用 Flex 布局会让元素呈线性排列,并且把元素的大小作为主轴上的大小。如果有太多元素超出容器,它们则会溢出而不会换行。如果一些元素比其他元素高,则元素会沿交叉轴被拉伸,以此来填满它的大小。使用 Flex 布局实现水平居中的代码如下:

```
//第 4 章/FFC.vue
< template >
    < div class = "father">
        < div class = "son"></div >
    </div >
</template >
< script >
    export default {
        data() {
            return {
            }
        },
        methods: {

        }
    }
</script >

< style >
    .father{
        width:300px;
        height:200px;
        border:5px solid green;
        display: flex;
        justify - content:center;
    }
    .son{
        width:100px;
```

```
                height:100px;
                border:5px solid blue;
        }
    </style>
```

这里将父元素 display 的属性设置为 Flex,开启 FFC 布局并为父元素添加 justify-content:center 属性,表示父元素中所有子元素的排列方式为水平居中。上述代码绘制的效果如图 4-16 所示。

最后要介绍的是 GFC 布局风格,Grid 布局即网格布局,是一种新的 CSS 布局模型,Grid 布局比较擅长将一个页面划分为几个主要区域,以及定义这些区域的大小、位置、层次等关系。可以说是最强大的 CSS 布局方案,也是目前唯一一种 CSS 二维布局风格。

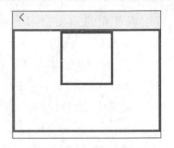

图 4-16　FFC 水平居中

相较于 Flex 布局一次只能处理一个维度上的元素布局,即一行或者一列。Grid 布局则是将容器划分成了"行"和"列",产生了一个个网格,通过网格将元素放在与这些行和列相关的位置,从而达到布局效果。通过在元素上声明 display:grid 或 display:inline-grid 来创建一个网格容器,而这个元素的所有直系子元素将成为网格元素,而使用 GFC 布局风格与 FFC 布局风格实现元素水平居中的代码相似,其代码如下:

```
//第 4 章/GFC.vue
<template>
    <div class = "father">
        <div class = "son"></div>
    </div>
</template>

<script>
    export default {
            data() {
                    return {

                    }
            },
            methods: {

            }
    }
</script>

<style>
    .father{
        width:250px;
        height:250px;
        border:5px solid green;
```

```
            display: grid;
            justify - content:center;
        }
    . son{
            width:150px;
            height:100px;
            border:5px solid blue;
    }
</style>
```

上述代码呈现出的效果如图 4-17 所示。

GFC 作为二维布局,其所能解决的问题远比其他 3 种布局风格要多得多,不过与之相对应的是上手难度也要高一些,而且使用跨平台框架开发,首选的应该是 Flex 弹性布局,可以说 Flex 的特性是专为目前互联网环境需要适配多种终端设备而设计出的解决方案,而且对比于其他布局方案,Flex 布局方案上手要更加容易。在 4.2.2 节中将会通过默认模板项目进一步介绍 Flex 布局的基础知识和用法。

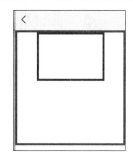

图 4-17 GFC 水平居中

4.2.2 Flex 布局详解

4.2.1 节介绍了在 CSS 中的 4 种布局风格,相信各位读者已经对这 4 种风格有了基本的认识,本节将会佐以案例详细地讲解适用于跨平台框架的 Flex 布局风格。

在默认模板项目中可以看到在 index. vue 文件中的 content 属性,代码如下:

```
.content {
    display: flex;
    flex - direction: column;
    align - items: center;
    justify - content: center;
}
```

可以看到默认模板使用的就是 Flex 弹性布局,其中 flex-direction: column 代表 content 中的直系子元素会以列的形式排列,而 align-items: center 代表其中的子元素会以垂直居中的方式排列,而 justify-content: center 则代表其中的子元素会以水平居中的方式排列。为了更加直观地理解这些属性的含义与作用,现在以下面的案例辅以说明:

```
//第 4 章/flex1.vue
< template >
    < view class = "content">
        < text >元素一</text >
        < text >元素二</text >
        < text >元素三</text >
    </view >
</template >

< script >
    export default {
```

```
        data() {
            return {

            }
        },
        methods: {

        }
    }
</script>

<style>
    .content {
        display: flex;
        flex-direction: column;
        align-items: center;
        justify-content: center;
    }
</style>
```

上述代码所呈现出的效果如图 4-18 所示。

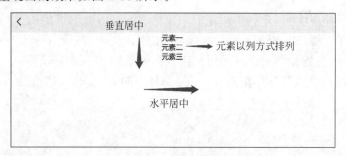

图 4-18　Flex 布局属性详解

其中,flex-direction 定义了主轴的方向,另一根交叉轴垂直于它。使用 Flex 布局的所有属性都跟这两根轴线有关,而 flex-direction 可以取 4 个值:row、row-reverse、column、column-reverse。如果 flex-direction 选择了 row 或者 row-reverse,如图 4-19 所示的页面,则其主轴将沿着水平方向延伸。

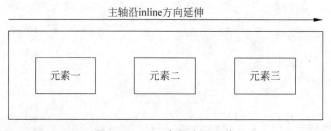

图 4-19　Flex 布局水平延伸

当选择 column 或者 column-reverse 时,主轴会沿着上下方向延伸,也就是垂直排列的方向,其如图 4-20 所示。

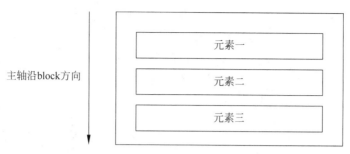

图 4-20 Flex 布局垂直延伸

而交叉轴垂直于主轴,所以如果 flex-direction(主轴)被设成 row 或者 row-reverse,交叉轴的方向就是沿着列向下的。如果主轴方向被设成 column 或者 column-reverse,则交叉轴就是水平方向。理解主轴和交叉轴的概念对于对齐 Flex 布局里面的元素是很重要的,因为 Flex 布局的特性就是沿着主轴或者交叉轴对齐之中的元素。

在介绍完了 Flex 布局的对齐方式之后,再来介绍 Flex 布局的另外一个重要特性,Flex 元素之间的空间分配,它主要由两个属性组成。

(1) align-items 属性。

align-items 属性可以使元素在交叉轴方向对齐,而这个属性的初始值为 stretch,所以 Flex 元素会默认被拉伸到最高元素的高度。实际上,它们被拉伸是为了填满 Flex 容器,也就是说其中最高的元素定义了容器的高度。同时也可以将 align-items 的值设置为 flex-start,使 Flex 元素按 Flex 容器的顶部对齐,与之对应的 flex-end 则可使它们按 Flex 容器的下部对齐,或者 center 使它们居中对齐。

(2) justify-content 属性。

justify-content 属性用来使元素在主轴方向上对齐,主轴方向是通过 flex-direction 设置的方向。初始值是 flex-start,元素从容器的起始线排列。也可以把值设置为 flex-end,从终止线开始排列,或者设置为 center,在中间排列。或者把值设置为 space-between,把元素排列好之后的剩余空间平均分配到元素之间,所以元素之间的间隔相等。或者使用 space-around,使每个元素的左右空间相等。

在学习完本节后,读者应该掌握了 Flex 布局的基本特性。在接下来的章节中,将会进一步介绍 Flex 布局在 uni-app 项目中如何与其他的 CSS 一起使用。

4.2.3 uni-app 动态修改样式

本节将会进一步介绍 CSS 在 uni-app 中的基本用法,并通过实际案例讲解在 uni-app 中绑定 style 及 class 属性的多种方法。

▶ 5min

1. 绑定 style

还是回到默认模板项目,在文本框添加 style 属性,将其背景色设置为 blue,代码如下:

```
//第 4 章/style.vue
<template>
    <view class = "content">
```

```html
        <image class = "logo" src = "/static/logo.png"></image>
        <view class = "text - area">
            <text class = "title" style = "background - color: blue;">{{title}}</text>
        </view>
    </view>
</template>

<script>
    export default {
        data() {
            return {
                title: 'Hello'
            }
        },
        onLoad() {

        },
        methods: {

        }
    }
</script>
<style>
    .content {
        display: flex;
        flex - direction: column;
        align - items: center;
        justify - content: center;
    }
    .logo {
        height: 200rpx;
        width: 200rpx;
        margin - top: 200rpx;
        margin - left: auto;
        margin - right: auto;
        margin - bottom: 50rpx;
    }

    .text - area {
            display: flex;
            justify - content: center;
}

    .title {
            font - size: 36rpx;
            color: #8f8f94;
    }
</style>
```

　　重新编译后可以看到 Hello 字符串的背景颜色变为蓝色,如图 4-21 所示。

　　现在设想一个场景,当用户每次进入这个页面时都要显示不同的颜色,那么上述代码就不能满足需求了,每次进入页面其相对应的 style 属性就要对应地发生改变。也就是说 style 的属性需要动态地变化。不过对于这种情况 uni-app 已经提供了解决方案,在 style 属性之前加入 v-bind 指令即可完成动态绑定,其具体的代码如下:

图 4-21　将文本背景色修改为蓝色

```
//第 4 章/bindStyle.vue
< template >
    < view class = "content">
        < image class = "logo" src = "/static/logo.png"></image >
        < view class = "text - area">
        < text class = "title" v - bind:style = "{backgroundColor:color}">
            {{title}}</text >
        </view >
    </view >
</template >
```

　　而 color 的值可以在 data 选项中动态地进行变更,其代码如下:

```
//第 4 章/bindStyle.vue
< script >
    export default {
        data() {
                return {
                title: 'Hello',
                //定义 color 的值为 green
                color: 'green'
            }
        },
        onLoad() {

        },
        methods: {

        }
    }
</script >
< style >
    .content {
            display: flex;
            flex - direction: column;
            align - items: center;
            justify - content: center;
    }

    .logo {
            height: 200rpx;
```

```
            width: 200rpx;
            margin - top: 200rpx;
            margin - left: auto;
            margin - right: auto;
            margin - bottom: 50rpx;
        }

    .text - area {
            display: flex;
            justify - content: center;
        }

    .title {
            font - size: 36rpx;
            color: #8f8f94;
        }
</style>
```

重新编译后可以看到文本框的背景颜色已经变为绿色，如图 4-22 所示。

2. 绑定 class

与绑定 style 类似，uni-app 也提供了多种绑定 class 的方法，下面将介绍其中最常用的几种绑定方式。首先是通过布尔值的 true 或 false 来触发是否进行动态绑定，代码如下：

图 4-22 将文本背景色修改为绿色

```
//第 4 章/classBind.vue
< template >
    < view class = "content">
        < image class = "logo" src = "/static/logo.png"></image >
            < view class = "text - area">
                < text class = "title" :class = "{titleChange:state}">{{title}}</text >
            </view >
        </view >
</template >
```

同样地，可以在 data 选项中定义 state 的值，不过这里和 style 的绑定方式有些不同，这里的 state 的值是布尔类型的，当其值为 true 时将会使用 titleChange 对应的 class 样式，而当其值为 false 时其 class 样式还是采用 title 的值，state 的赋值及 titleChange 的赋值代码如下：

```
//第 4 章/classBind.vue
< script >
        export default {
            data() {
                return {
                    title: 'Hello',
                    state: true
                }
```

```
            },
            onLoad() {

            },
            methods: {

            }
        }
</script>

<style>
    .title {
        font - size: 36rpx;
        color: #8f8f94;
    }

    .titleChange {
    //调整字体大小
        font - size: 72rpx;
    //将字体颜色修改为红色
        color: #ff0000;
    }
</style>
```

当将 state 的值赋值为 true 时，可以看到页面中 title 元素的样式发生了改变，该页面如图 4-23 所示。

Hello

图 4-23 标题样式

除了上述动态绑定的方法外，还有一种常用的方法，也就是使用三目运算符进行条件绑定，代码如下：

```
//第 4 章/classBind2.vue
<template>
    <view class = "content">
        <image class = "logo" src = "/static/logo.png"></image>
    <view class = "text - area">
      <text class = "title" :class = "state ?'titleChange':''">{{title}}</text>
    </view>
    </view>
</template>
```

上述代码能够实现同样的效果。这里解释三目运算的运算法则，例如在上述案例中的 state?'titleChange': ''这段代码，首先会判断 state 的值，如果值为 true,则其值为 titleChange,

如果其值为 false,则会取冒号后面的值,在上述代码中冒号后面的值为空,那么其值就会取该标签中已经定义好的 class="title"。

4.3　How to be a master

在了解完 CSS 相关的知识点后就可以开始为在 uni-app 项目中绘制页面做准备了。首先对页面进行初始化操作,将其中的元素全部删除,代码如下:

```
//第 4 章/initial.vue
<template>
    <view>

    </view>
</template>

<script>
    export default {
        data() {
            return {

            }
        },
        onLoad() {

        },
        methods: {

        }
    }
</script>

<style>

</style>
```

准备工作已经完成了,下面就可以在 HBuilder X 工具中编写对应的页面了。不过在开始编写案例项目之前,这里还有一句话想送予各位读者。

To follow the path:(沿着这样一条道路:)

look to the master,(寻找大师,)

follow the master,(跟随大师,)

walk with the master,(与大师同行,)

see through the master,(洞察大师,)

become the master.(成为大师。)

学习编程就如同学习其他创造性的艺术一样,成为大师的最有效方法就是模仿大师,而对于编程领域而言,如果想要效仿大师,就应该去尝试阅读流行框架的源代码,如果能够明白源代码编写的含义,并且能够效仿这些代码的思路去解决一些实际问题,则你与大师之间的距离又会更进一步了。而作为初学者而言,首要的任务就是将框架运用熟练,原理略知一二即可。待到能够将掌握的知识形成体系且对软件设计有自己的见解时就可以开始尝试阅读并效仿源码中的解决思路去解决一些有价值的问题了。

4.4 本章小结

本章首先介绍了原型图绘制软件 Axure RP 的安装及基本使用方法,并通过该软件绘制出了案例项目的首页,之后介绍了 CSS 的相关布局方案,然后着重介绍了适用于跨平台的 Flex 布局方案,然后介绍了在 uni-app 中绑定 style 属性及 class 属性的多种方法,并在最后对默认模板项目进行了初始化操作,为在 HBuilder X 软件中编写页面做好了准备。相信各位读者通过本章的内容已经对原型图设计及 CSS 布局有了初步的认识。在第 5 章中将开始对照原型图编写案例项目页面,通过实践来巩固及加强之前所学习的内容。

第 5 章

首 页 开 发

本章将依照绘制好的原型图进行首页开发,在开发首页文字显示功能过程中会介绍如何使用指令在 uni-app 中进行数据绑定,并通过 JavaScript 函数实现首页逐字输出功能及介绍 uni-app 中生命周期的概念。最后在完成首页跳转功能时会为读者介绍 uni-app 中路由跳转的方式。

5.1 使用 HBuilder X 绘制首页

5min

与 Axure RP 绘制流程相同,首先需要确定项目布局及底层页面的样式风格。这里将最外层的 view 标签的 display 属性设置为 flex,将 flex-direction 属性设置为 column,并将其高度定义为 1300rpx。需要注意的是这里的 rpx 长度是小程序特有的长度计量单位,与 px 的换算公式为 1px=2rpx。最后将这块画布的背景色设置为黑色,代码如下:

```
//第 5 章/index.vue
<template>
    <view class = "content">

    </view>
</template>

<script>
    export default {
        data() {
            return {

            }
        },
        onLoad() {

        },
        methods: {

        }
    }
</script>
```

```
<style>
    .content {
        display: flex;
        flex - direction: column;
        background - color: black;
        height: 1300rpx
    }
</style>
```

之后将这个页面用横线一分为二,代码如下:

```
//第 5 章/index.vue
<template>
    <view class = "content">
        <view class = "middle - line"></view>
    </view>
</template>

<script>
    export default {
        data() {
            return {

            }
        },
        onLoad() {

        },
        methods: {

        }
    }
</script>

<style>
    .content {
        display: flex;
            flex - direction: column;
            background - color: white;
            height: 1300rpx
    }
        .middle - line{
            height: 1rpx;
            width: 1500rpx;
            margin - top: 400rpx;
            margin - left: auto;
            margin - right: auto;
            background - color: black;
        }
</style>
```

　　再到页面的上半部分进行文字填充,这里可以将原型图的 4 段文字用一段话描述出来,在每段话之间加入换行符就可以实现段落的效果,代码如下:

```
//第 5 章/index.vue
<template>
    <view class = "content">
        <view>
            <text decode class = "info">{{systemInfo}}</text>
        </view>
        <view class = "middle - line"></view>
    </view>
</template>

<script>
    export default {
        data() {
            return {
    systemInfo: '欢迎使用 Razor - Robot 智能工具 ⚙ \n \n SystemVersion : BetaV1.0.0 \n\n powered
by: g0niw \n \n 请选择功能 :',
            }
        },
        onLoad() {

        },
        methods: {
            }
        }
    }
</script>

<style>
    .content {
        display: flex;
        flex - direction: column;
        background - color: white;
        height: 1300rpx;
    }
    .middle - line{
        height: 1rpx;
        width: 1500rpx;
        margin - top: 400rpx;
        margin - left: auto;
        margin - right: auto;
        background - color: black;
    }
    .info {
        color: green;
    }
</style>
```

　　注意这里的 systemInfo 需要在 data 选项中定义,其中的\n 代表换行符,为了能正常解析出换行符,这里要将 text 标签添加 decode 属性以便让\n 换行符正常解码,而在这段代码中的 emoji 字符可以查询 https://emojixd.com/网站进行获取。

在编写完上述代码后重新编译,显示的页面如图 5-1 所示。

图 5-1 首页文字显示

接下来再来处理首页的下半部分,和页面的上半部分不同的是首页的下半部分对应了 4 个功能选项,用户在触碰时就要进行对应的功能页跳转,所以需要将这块区域分为 4 个不同的区域,代码如下:

```
//第 5 章/index.vue
< template >
    < view class = "content">
        < view >
            < text decode class = "info">{{systemInfo}}</text >
        </view >
        < view class = "middle - line"></view >
            < text decode style = "color: green;">{{choice1}}</text >
            < text decode style = "color: green;">{{choice2}}</text >
            < text decode style = "color: green;">{{choice3}}</text >
            < text decode style = "color: green;">{{choice4}}</text >
    </view >
</template >

< script >
    export default {
        data() {
            return {
                systemInfo: '欢迎使用 Razor - Robot 智能工具 ⚙ \n \n SystemVersion : BetaV1.0.
0 \n\n powered by: g0niw \n \n 请选择功能 :',
                choice1: '一、向我提问 (ChatGPT) \n \n',
                choice2: '二、图片风格化 \n \n',
                choice3: '三、文本翻译 \n \n',
                choice4: '四、实时热点 \n \n',
            }
        },
        onLoad() {

        },
        methods: {

        }
    }
```

```
</script>

<style>
    .content {
        display: flex;
        flex-direction: column;
        background-color: white;
        height: 1300rpx
    }
    .middle-line{
        height: 1rpx;
        width: 1500rpx;
        margin-top: 350rpx;
        margin-left: auto;
        margin-right: auto;
        background-color: black;
    }
    .info {
        color: green;
    }
</style>
```

将上述代码进行编译之后,其呈现出的效果如图 5-2 所示。

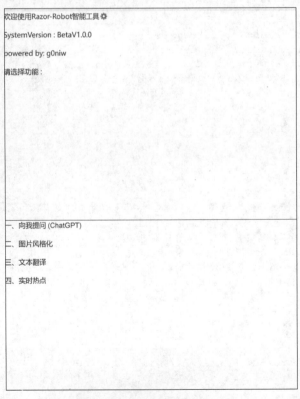

图 5-2　首页下半部分文字显示

首页文字显示的部分已经处理完成了，下面开始填充细节，让这个页面变得可交互。在接下来的章节中会继续案例项目的开发并陆续介绍 uni-app 中绑定数据的指令及它们之前的区别和适用的场景。

5.2　uni-app 中的数据绑定

在元素节点的属性上绑定 data 选项中的数据，不可以直接使用{{ }}插入值语法，此时需要用 uni-app 中的指令来完成操作，其主要用于响应式地更新 HTML 属性，而在 uni-app 中的数据绑定指令主要有 3 种，它们是 v-bind、v-html、v-model。

5.2.1　v-bind 指令

还记得第 4 章中绑定样式的案例吗？现在再来完善这个案例，当前的需求是当单击对应功能选项后出现绿色的选择框，首先修改 text 标签的代码，让其 class 属性动态绑定，代码如下：

```
< text decode style = "color: green;" :class = "type1"
    @click = "choiceT1">{{choice1}}
</text >
```

之后在 data 选项中添加 type1 定义，并在 method 选项中添加 choiceT1 方法，代码如下：

```
//第 5 章/bindType.vue
< script >
    export default {
        data() {
            return {
                type1:''
            }
        },
        onLoad() {

        },
        methods: {
            //当单击触发时该区域样式会被修改为 option
            choiceT1() {
                this.type1 = 'option'
            }
        }
    }
</script >
```

最后在 style 区域内添加 option 对应的样式，代码如下：

```
.option {
    border: 3rpx solid green;
    padding - top: 20rpx;
    margin - top: 10rpx;
    margin - right: 200rpx;
    margin - bottom: 10rpx;
}
```

当单击下方功能栏时该区域样式会被修改,即会出现选择框,其显示效果如图 5-3 所示。

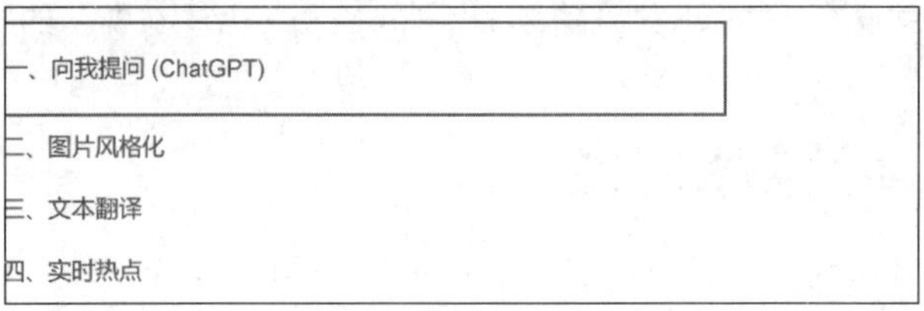

图 5-3 v-bind 绑定效果

5.2.2 v-html 指令

v-html 指令用于将 Vue.js 数据对象中的属性值直接作为 HTML 渲染到模板中,而不是像 v-bind 指令那样简单地绑定属性值。具体来讲,v-html 指令可以在模板中的元素上使用,后面跟随一个表达式,该表达式的值应该是一个包含 HTML 标记的字符串。Vue.js 将会解析这个字符串,并将其作为实际的 HTML 插入模板中,所以此指令不仅可以显示文本内容,还可以显示带标签的内容。例如将实时热点的功能选项以带标签的内容进行绑定,代码如下:

```
//第 5 章/htmlBind.vue
< template >
    < view class = "content">
    < view >
        < p v - html = "choice4"></p>
    </view>
</template>

< script >
    export default {
        data() {
            return {
                choice4: '< text style = "color: green;">四、实时热点</text>',
            }
        },
        onLoad() {

        },
        methods: {

        }
    }
</script>
```

调整过后其显示效果如图 5-4 所示。

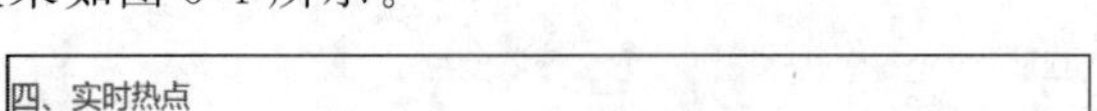

图 5-4 v-html 绑定效果

5.2.3 v-model 指令

v-model 指令主要用于在表单控件元素上创建双向数据绑定。例如用户在登录、注册时需要提交账号和密码或者用户在检索、创建、更新信息时需要提交一些数据,这些都需要在代码逻辑中获取用户提交的数据,而这些场景通常需要使用 v-model 指令来完成。需要注意的是,v-model 只能用于支持 value 属性和 input 事件的表单元素上,如输入框、复选框和单选按钮。对于其他元素,可以使用 v-bind 实现单向绑定。

这里通过使用输入框并进行回显来讲解该指令的基本用法,代码如下:

```
//第5章/vmodel.vue
<template>
    <view>
        <input type = "text" v - model = "name">
        <text>{{name}}</text>
    </view>
</template>

<script>
export default {
    data() {
        return {
            name:'test'
        }
    },
    methods: {

    }
}
</script>

<style>

</style>
```

在页面输入框中 name 的值在被修改的同时 data 选项中定义的值也会随之被重新渲染。同样地,修改 data 选项中定义好的 name 的值也会显示在页面上,重新渲染的值如图 5-5 所示。

| v-model |
| v-model |

图 5-5 v-model 绑定效果

5.3 在 uni-app 中使用函数

在掌握了 uni-app 中 3 种数据绑定的方式及其适用场景后就可以很从容地完成案例项目中单击出现选择框的功能了。在本节中将继续开发案例项目的首页,完善其功能,并通过 JavaScript 内置函数实现首页文字逐字输出的效果。

5.3.1 函数的定义

在开始编写代码之前,先来了解什么是函数。函数的意思就是由自变量和因变量所确定的一种关系,自变量可能有一个、两个或者 N 个,但因变量的值当自变量确定时也是唯一的。例如 $f(x)=y$ 其中自变量为 x,因变量为 y,在编程领域中,函数是一段可重复使用的代码

2min

块,用于执行特定的任务或操作。函数可以接收输入参数(也称为参数)并返回一个值(也称为返回值),或者仅仅执行一些操作而不返回任何值。而在 uni-app 中可以在 method 选项中进行函数编写,代码如下:

```
//第 5 章/clickFunction.vue
< template >
        < view >
            < text @click = "getType">{{name}}</text >
        </view >
    </template >

< script >
    export default {
        data() {
            return {
                name:'单击'
            }
        },
        methods: {
            getType(e){
            console. log(e. type)
            return e. type;
            }
        }
    }
</script >
```

运行上述代码并在页面单击文本框可以在浏览器控制台中看到如图 5-6 所示的打印信息。

图 5-6   自定义函数获取单击事件

可以看到通过定义函数 getType 获取了单击事件的类型名字,其中传参 e 代表 event 事件,而函数返回的 e. type 值则为当前事件的类型。在 method 选项中由开发者定义函数的传参及返回的函数称为自定义函数。还有一类是内置函数,它允许开发者直接调用,以此来完成某些功能而无须关心其逻辑实现。

5.3.2   使用 setInterval 函数实现逐字输出效果

5.3.1 节为读者介绍了函数的基本概念及在 uni-app 中如何编写自定义函数,在本节中会为读者介绍如何通过 JavaScript 内置函数来实现首页页面文字逐字输出的效果。

首先思考这个逐字输出效果应该如何实现,其中有两个关键点:其一是页面上面的文字要以每次追加一个的方式显示出来;其二是每次追加文字时需要有短暂的停顿。关于第一点可以使用分割的方式每次将文字进行分割后通过分割长度累加实现,第二点则可以在字符串长度增加时通过一个定时调用实现,即每次间隔一段时间进行分割并显示,而在 JavaScript 中已经为开发者提供了字符串分割和定时调用的函数,利用这些函数可以实现上述功能,代码如下:

```
//第 5 章/trans.vue
<template>
    <view class = "content">
        <view>
            <text decode class = "info" selectionchange = "true">{{showInfo}}</text>
        </view>
    </view>
</template>

<script>
    export default {
        data() {
            return {
                timer: null,
                showInfo: ''
            }
        },
        onLoad() {
            //声明一个变量,用来监听要分割的长度
            let listenInfoLength = 0
            this.timer = setInterval() = > {
            //取到 data.systemInfo 的第 listenInfoLength 位
            this.showInfo = this.systemInfo.substr(0, listenInfoLength);
            //如果 listenInfoLength 大于 data.systemInfo 的长度,则停止计时器
            if (listenInfoLength < this.systemInfo.length) {
                    listenInfoLength++
            } else {
                    clearInterval(this.timer);
            }
            }, 50)
        },
        methods: {

        }
    }
}
</script>
```

其中,substr 函数可以实现字符串的分割功能。setInterval 函数则可以实现定时调用功能,该函数的第 1 个传参是定时调用的方法,第 2 个传参则是调度时间,其单位为毫秒。还有一点需要注意,该函数是在 onload 选项中编写的,而不是在 method 选项,这么做的原因是因为在 onload 选项中编写的函数在每次进入页面时都会被触发执行,而这些在某些特定的时刻被执行的函数称为生命周期的钩子函数,了解这些钩子函数有利于写出更加简单更加高效的代码。

5.3.3　uni-app 生命周期

在 5.3.2 节中的最后部分为读者介绍了生命周期与钩子函数的概念,在本节中将详细地介绍 uni-app 中的生命周期。与 Vue.js 生命周期类似,uni-app 中的生命周期共有 6 个,它们分别是:应用生命周期、页面生命周期、组件生命周期、模板指令生命周期、Vue 实例生命周期、App 生命周期。这里主要介绍 uni-app 中的 3 个生命周期:应用生命周期、页面生命周期、组件生命周期。

5min

1. 应用生命周期函数

应用生命周期函数只能在 App. vue 文件中监听有效,在其他页监听无效。这些函数包括:①onLaunch,当 uni-app 初始化完成时触发(全局只触发一次);②onShow,当 uni-app 启动或从后台进入前台显示(例如小程序中,用户分享页面再进来就会触发一次 onShow);③onHide,当 uni-app 从前台进入后台时触发;④onError,当 uni-app 报错时触发。

在 App. vue 文件中可以看到这些方法的代码如下:

```
//第 5 章/App.vue
<script>
    export default {
        onLaunch: function() {
            console.log('App Launch')
        },
        onShow: function() {
            console.log('App Show')
        },
        onHide: function() {
            console.log('App Hide')
        }
    }
</script>

<style>
    /*每个页面的公共CSS*/
</style>
```

当启动并打开应用时在浏览器的控制台中可以看到 AppLaunch 和 AppShow 日志的打印,其具体信息如图 5-7 所示。

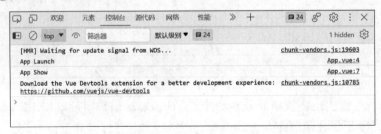

图 5-7 程序启动页面展示触发 onLaunch、onShow

此时去浏览别的标签页面,当再次回到该页面时则可以看到如图 5-8 所示的日志打印。

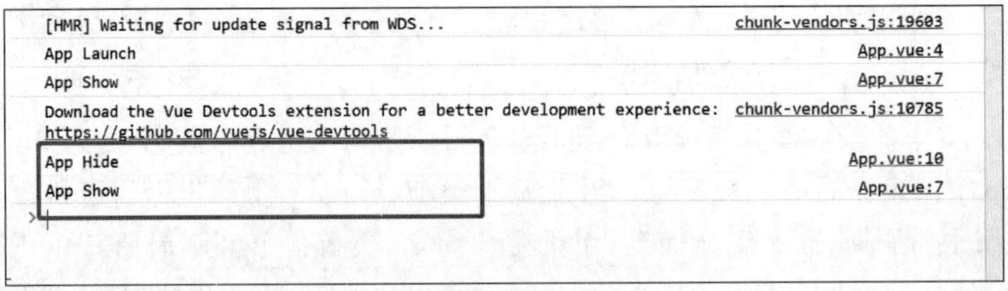

图 5-8 程序隐藏触发 onHide

最后是 onError 函数,首先在 App.vue 文件中定义该函数,代码如下:

```
<script>
    export default {
        onError() {
            console.log("error")
        }
    }
</script>
```

之后编写会引发错误的函数,让函数打印一个未定义的值,代码如下:

```
//第5章/error.vue
export default {
    data() {
        return {
            name:'单击'
        }
    },
    methods: {
        add(e){
            console.log(a)
        }
    }
}
```

同样地,当单击页面时会触发函数调用,打开浏览器控制台可以看到如图 5-9 所示的日志输出。

图 5-9　程序运行出错触发 onError

2. 页面生命周期函数

uni-app 页面除支持 Vue.js 组件生命周期外,还支持下面的页面生命周期函数。

1) onlint 函数

该函数用于监听页面初始化,其参数同 onLoad 函数的参数,该参数为上个页面传递的数据,参数类型为 Object(用于页面传参),该函数的触发时机早于 onLoad。

2) onLoad 函数

onLoad 函数用于监听页面加载,该钩子函数被调用时响应式数据、计算属性、方法、侦听器、props、slots 已设置完成,其参数为上个页面传递的数据,参数类型为 Object(用于页面传参)。该函数的定义及示例代码如下:

```
//第 5 章/onload.vue
<template>
        <view>

        </view>
</template>

<script>
        export default {
            data() {
                return {

                }
            },
            onLoad(e) {
                this.hello()
                console.log(e.data)
            },
            methods: {
                hello(){
                    console.log('hello')
                }
            }
        }
</script>
```

启动应用并在浏览器中访问 http://127.0.0.1:8080/#/pages/index/index? data=123,可以看到在浏览器的控制台中的日志输出如图 5-10 所示。

图 5-10 在 onLoad 中定义函数查看控制台输出

其中,在 onLoad 中编写的 this.hello()每次在加载(刷新)页面时将会自动调用,而其中传递的 e 则可以获取传递给该页面的数据。

3) onShow 函数

该函数会在监听页面时显示(当单击进入其他页面再回来时会触发此函数;如果需要数据变化,则可以使用这个函数),页面每次出现在屏幕上都会触发此函数,包括从下级页面返回当前页面,该函数的示例代码如下:

```
//第 5 章/onShow.vue
<template>
```

```
            <view>

            </view>
    </template>

    <script>
        export default {
            data() {
                return {

                }
            },
            onLoad(e) {

            },
            onShow() {
                console.log(Date.now())
            }
        }
    </script>

    <style>

    </style>
```

4）onReady 函数

onReady 函数用于监听页面初次渲染完成，此时组件已挂载完成，DOM 树（$el）已可用，注意如果渲染速度快，则会在页面进入动画完成前触发。

5）onHide 函数

该函数可用于监听页面隐藏，该函数可以用于统计用户停留在该页面的时间或者检测用户浏览状态等一些非业务场景的处理。直接使用该函数而不是使用自定义函数将极大地提高程序的性能和代码的健壮性。

6）onUnload 函数

该函数可用于监听页面卸载，例如下述示例，当用户离开页面之后就会获取 getData 的值，其代码如下：

```
    //第 5 章/onLoad.vue
    onLoad(){
        uni. $on("getData",function(e){
console.log(e);               //监听数据
})
    },
    onUnload(){
uni. $off("getData");         //页面卸载时结束监听数据
    }
```

7）onResize 函数

该函数可用于监听窗口尺寸的变化，例如在横屏切换为竖屏时该函数就会被触发。

8）onPullDownRefresh 函数

首先需要在 pages.json 文件中找到对应的 pages 节点,然后在整体的 style 选项中开启 enablePullDownRefresh,将其值设置为 true,如果想让某页不能下拉刷新,则可以在该页的 style 中将 enablePullDownRefresh 设置为 false,而 uni.stopPullDownRefresh 可以停止当前 页面的下拉刷新,如果没有使用停止下拉刷新事件,则在页面下拉之后下拉的动画不会自动消 失。其示例代码如下:

```
//第 5 章/onPullDownRefresh.vue
//首先在 pages.json 文件中开启刷新监听
    {
"pages": [
        {
"path": "pages/index/index",
        "style": {
"navigationBarTitleText": "uni - app",
            "enablePullDownRefresh": true
        }
    }
],
    "globalStyle": {
        "navigationBarTextStyle": "white",
        "navigationBarBackgroundColor": "#0faeff",
        "backgroundColor": "#fbf9fe"
}
    }
//在 pages/index/index.vue 文件中定义方法,在实际开发中延时可根据实际需求来使用
export default {
    data() {
        return {
            text: 'uni - app'
        }
    },
    onLoad: function (options) {
        setTimeout(function () {
            console.log('start pulldown');
        }, 1000);
        uni.startPullDownRefresh();
    },
    onPullDownRefresh() {
        console.log('refresh');
        setTimeout(function () {
        //1s 后停止页面刷新动画
        uni.stopPullDownRefresh();
        }, 1000);
    }
}
```

9）onReachBottom 函数

该函数用于页面滚动到底部的事件(不是 scroll-view 滚到底),常用于下拉下一页数据。 该函数可以在 pages.json 文件中设置具体页面底部触发距离 onReachBottomDistance,如果

由于使用 scroll-view 而导致页面没有滚动，则不会触发触底事件。

> 💡**注意**：在使用 onReachBottom 函数时可在 pages. json 文件里定义具体页面底部的触发距离 onReachBottomDistance，例如设为 50，当滚动页面到距离底部 50px 时就会触发 onReachBottom 事件。

10) onTabItemTap 函数

该函数在单击 Tab 时会被触发，参数为 Object，在使用该函数时具体会返回 3 个属性：①index 属性，该属性类型为 Number 类型，代表被单击 tabItem 的序号，从 0 开始；②pagePath 属性，属性类型为 String，代表被单击 tabItem 的页面路径；③text 属性，属性类型为 String，代表被单击 tabItem 的按钮文字。在 uni-app 中使用该函数的示例代码如下：

```
onTabItemTap : function(e) {
/* e 的返回格式为 JSON 对象: {"index":0,"text":"首页","pagePath":"pages/index/index"} */
    console.log(e);
},
```

> 💡**注意**：onTabItemTap 函数常用于单击当前 tabItem，滚动或刷新当前页面。如果是单击不同的 tabItem，则一定会触发页面切换。如果想在 App 端实现单击某个 tabItem 不跳转页面，则不能使用 onTabItemTap，但可以使用 plus. nativeObj. view 放一个区块盖住原先的 tabItem，并拦截单击事件。

11) onShareAppMessage 函数

该函数在用户单击右上角分享时会被触发，可以用于统计分享信息或者相关分析。

12) onPageScroll 函数

onPageScroll(监听滚动、滚动监听、滚动事件)其参数属性为 scrollTop，属性类型为 Number，该值代表页面在垂直方向已滚动的距离(单位为 px)。需要注意的是在使用 onPageScroll 时不要写交互复杂的 JavaScript，例如频繁修改页面。因为这个生命周期是在渲染层触发的，在非 HTML5 端，JavaScript 是在逻辑层执行的，而两层之间进行通信是有损耗的。如果在滚动过程中频繁地触发两层之间的数据交换，则可能会造成卡顿。

> 💡**注意**：在 App、微信小程序、HTML5 中，可以使用 wxs 监听滚动，而在 app-nvue 中，可以使用 bindingx 监听滚动。

该函数的调用代码如下：

```
onPageScroll : function(e) { //nvue 暂不支持滚动监听,可用 bindingx 代替
    console.log("滚动距离为" + e.scrollTop);
},
```

13) onBackPress 函数

该函数用于监听页面返回，例如返回 event = { from: backbutton、navigateBack }，

backbutton 表示来源是左上角返回按钮或 Android 返回键,而 navigateBack 表示来源是 uni. navigateBack 方法调用。

该函数的使用场景:当页面中的遮罩处于显示状态时,单击返回不希望直接关闭页面,而是隐藏遮罩。遮罩被隐藏后,继续单击返回再执行默认的逻辑。具体的代码如下:

```
//第 5 章/onBackPress.vue
//在页面中引入 mask 自定义组件后,通过一种状态值来控制其隐藏/显示
< mask v - if = "showMask"></mask >
//在 onBackPress 中,判定当前遮罩是否处于显示状态.如果处于显示状态,则关闭遮罩并返回 true
onBackPress() {
        if(this.showMask) {
this.showMask = false;
return true;
}
    },
```

以上列举了数十种常用的生命周期函数,除了这些函数外 uni-app 还提供了一些用于原生页面的生命周期函数,例如 onNavigationBarButtonTap 函数,用于监听原生标题栏按钮单击事件; onNavigationBarSearchInputChanged 函数,用于监听原生标题栏搜索输入框的输入内容变化事件; onNavigationBarSearchInputConfirmed 函数,用于监听原生标题栏搜索输入框的搜索事件,当用户单击软键盘上的"搜索"按钮时触发。onNavigationBarSearchInputClicked 函数,用于监听原生标题栏搜索输入框的单击事件(只有在 pages. json 文件中的 searchInput 的属性 disabled 被配置为 true 时才会触发)。

3. 组件生命周期函数

uni-app 组件支持的生命周期与 Vue. js 标准组件的生命周期相同。其具体函数名及函数定义见表 5-1。

表 5-1　uni-app 组件生命周期函数名及函数定义

函 数 名	说　　明	平 台 差 异
beforeCreate	在实例初始化之前被调用	
created	在实例创建完成后被立即调用	
beforeMount	在挂载开始之前被调用	
mounted	挂载到实例上去之后调用。注意:此处并不能确定子组件被全部挂载,如果需要子组件完全挂载之后执行操作,则可以使用 $nextTickVue	
beforeUpdate	数据更新时调用,发生在虚拟 DOM 打补丁之前	仅 HTML5 平台支持
updated	由于数据更改导致的虚拟 DOM 重新渲染和打补丁,在这之后会调用该钩子	仅 HTML5 平台支持
beforeDestroy	实例销毁之前调用。在这一步,实例仍然完全可用	
destroyed	Vue 实例销毁后调用。调用后,Vue 实例指示的所有东西都会解绑定,所有的事件监听器会被移除,所有的子实例也会被销毁	

在 uni-app 中每个实例在被创建时都要经过一系列的初始化过程,需要设置数据监听、编译模板、将实例挂载到 DOM 并在数据变化时更新 DOM 等。同时在这个过程中也会运行一些叫作生命周期钩子的函数,这给用户在不同阶段添加自己代码的机会。作为初学者不需要立马弄明白所有的东西,不过随着不断学习和使用,这些钩子函数的参考价值会越来越高。

5.4　uni-app 路由

5.3 节主要介绍了 uni-app 中函数的使用,并着重介绍了 uni-app 中的一类特殊的函数,如生命周期钩子函数,并简要地介绍了这些钩子函数的定义及用法。相信各位读者已经掌握了函数的编写及使用。本节将进行案例项目首页跳转功能的开发并将介绍在 uni-app 中如何使用内置函数(框架封装好的 API)及 navigator 组件进行跳转。

5.4.1　使用 API 进行跳转

3min

uni-app 中的页面路由由框架统一进行管理,开发者需要在 pages.json 文件里配置每个路由页面的路径及页面样式。类似小程序在 app.json 文件中配置页面路由一样,所以 uni-app 的路由用法与 Vue Router 不同,如仍希望采用 Vue Router 方式管理路由,则可以在官方的插件市场 https://ext.dcloud.net.cn 中搜索 vue-router。

1. uni.navigateTo(OBJECT)

使用该方法进行跳转时会保留当前页面,跳转到应用内的某个页面,使用 uni.navigateBack 可以返回原页面。该方法的参数说明见表 5-2。

表 5-2　uni.navigateTo 参数说明

参　　数	类型	是否必填	说　　明
url	String	是	需要跳转的应用内非 tabBar 的页面的路径,路径后可以带参数。参数与路径之间使用"?"分隔,参数键与参数值用"="相连,不同参数用"&"分隔,例如 'path? key = value&key2 = value2'
animationType	String	否	窗口显示的动画效果
animationDuration	Number	否	窗口动画持续时间,单位为 ms
events	Object	否	页面间通信接口,用于监听被打开页面发送到当前页面的数据
success	Function	否	接口调用成功的回调函数
fail	Function	否	接口调用失败的回调函数
complete	Function	否	接口调用结束的回调函数(调用成功、失败都会执行)

回到案例项目首页,在单击下方功能选项时需要跳转到对应的页面。首先来创建功能页面,选择 index 文件夹右击,选择"新建页面"后会弹出如图 5-11 所示的新建页面。

创建完成之后该页面组件会自动地在 page.json 文件中进行注册。之后会看到项目中多出了一个名为 chat 的页面,如果勾选了自动注册,则会在 page.json 文件中完成自动配置,新建完成之后项目的目录结构如图 5-12 所示。

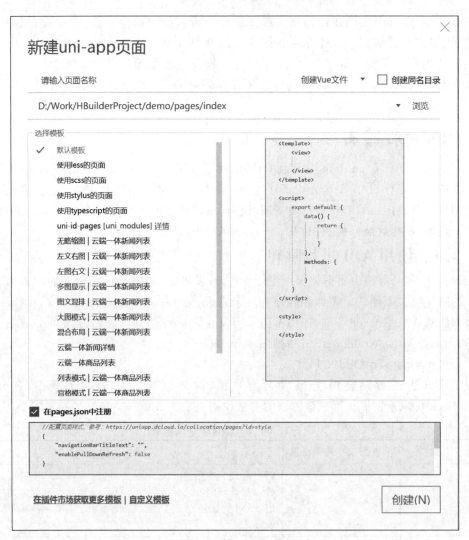

图 5-11　新建 uni-app 页面

图 5-12　chat 页面注册

在完成了上述操作之后就可以编写路由跳转的代码了,这里以 uni. navigateBack 方法为例,完成 index 页面跳转到 chat 页面的功能,代码如下:

```
//第5章/index.vue
//添加单击事件
< text decode style = "color: green;" :class = "type1"
@click = "choiceT1">{{choice1}}
</text >
//在单击事件中添加跳转逻辑
methods: {
    choiceT1() {
        this.type1 = 'option'
        uni.navigateTo({
            url: '/pages/index/chat',
            success(res) {
            console.log("成功跳转 chat 页面")
            }
        })
    }
}
```

在单击功能项后可以在浏览器控制台中看到其日志输出,如图 5-13 所示。

图 5-13　chat 页面跳转成功日志

这里需要注意的是传参 url 有长度限制,太长的字符串会传递失败,可改用窗体通信、全局变量,另外当参数中出现空格等特殊字符时需要对参数进行编码,可使用 encodeURIComponent 方法对参数进行编码,代码如下:

```
< navigator :url = "'/pages/test/test?item = ' +
encodeURIComponent(JSON.stringify(item))"></navigator >
```

而在传参接收页面(跳转目的页面)应该使用 decodeURIComponent 函数来接收传参,代码如下:

```
//在跳转页面接收传参
onLoad: function (option) {
    const item = JSON.parse(decodeURIComponent(option.item));
}
```

💡**注意**:使用该方法由于会将页面存入页面栈,所以其页面跳转路径有层级限制,不能无限制地跳转新页面(不断跳转新页面会导致页面栈占满,从而导致程序异常),而且路由 API 的目标页面必须是在 pages.json 里注册的页面。

2. uni. redirectTo(OBJECT)

使用该方法进行跳转会关闭当前页面,跳转到应用内的某个页面。该方法的参数说明见表 5-3。

表 5-3 uni. redirectTo 参数说明

参　　数	类　　型	是否必填	说　　明
url	String	是	需要跳转的应用内非 tabBar 的页面的路径,路径后可以带参数。参数与路径之间使用"?"分隔,参数键与参数值用"="相连,不同参数用"&"分隔,例如'path? key＝value&key2＝value2'
success	Function	否	接口调用成功的回调函数
fail	Function	否	接口调用失败的回调函数
complete	Function	否	接口调用结束的回调函数(调用成功、失败都会执行)

修改上个案例中的代码,使用 uni. redirectTo 方法同样能够完成页面跳转,示例代码如下:

```
/第 5 章/ redirectTo.vue
methods: {
    choiceT1() {
        this.type1 = 'option'
        uni.redirectTo({
        url: '/pages/index/chat',
        success(res) {
            console.log("成功跳转 chat 页面")
          }
        })
    }
}
```

💡 **注意**:跳转到 tabBar 页面只能使用 switchTab 跳转。

3. uni. reLaunch(OBJECT)

使用该方法进行跳转会关闭所有页面,然后打开应用内的某个页面。该方法的参数说明见表 5-4。

表 5-4 uni. reLaunch 参数说明

参　　数	类　　型	是否必填	说　　明
url	String	是	需要跳转的应用内非 tabBar 的页面的路径,路径后可以带参数。参数与路径之间使用"?"分隔,参数键与参数值用"="相连,不同参数用"&"分隔,例如'path? key＝value&key2＝value2'
success	Function	否	接口调用成功的回调函数
fail	Function	否	接口调用失败的回调函数
complete	Function	否	接口调用结束的回调函数(调用成功、失败都会执行)

使用 uni. reLaunch 方法同样能够完成页面跳转,示例代码如下:

```
//第5章/reLaunch.vue
methods: {
    choiceT1() {
        this.type1 = 'option'
        uni.reLaunch({
        url: '/pages/index/chat',
            success(res) {
                console.log("成功跳转chat页面")
            }
        })
        }
}
```

不过与 navigateTo 方法不同的是,在 HTML5 端调用 uni.reLaunch 之后之前的页面栈会被销毁,但是无法清空浏览器之前的历史记录,此时 navigateBack 不能返回,如果存在历史记录,则当单击浏览器的返回按钮或者调用 history.back()时仍然可以导航到浏览器的其他历史记录。

4. uni.switchTab(OBJECT)

使用该方法会跳转到 tabBar 页面,并关闭其他所有非 tabBar 页面。该方法的参数说明见表 5-5。

表 5-5 uni.switchTab 参数说明

参　　数	类　　型	是否必填	说　　明
url	String	是	需要跳转的 tabBar 页面的路径(需要在 pages.json 的 tabBar 字段定义的页面)且路径后不能带参数
success	Function	否	接口调用成功的回调函数
fail	Function	否	接口调用失败的回调函数
complete	Function	否	接口调用结束的回调函数(调用成功、失败都会执行)

要使用该方法首先要在 page.json 文件中定义 tabBar。之后在对应的页面编写 switchTab 函数即可,代码如下:

```
//第5章/switchTab.vue
//在 page.json 文件中定义 tabBar
{
"tabBar": {
"list": [{
"pagePath": "pages/index/index",
"text": "首页"
},{
"pagePath": "pages/other/chat",
"text": "ChatGPT功能页"
}]
}
}
//在 index 页面中使用 switchTab 跳转
uni.switchTab({
```

```
        url: '/pages/index/chat
    });
```

5. uni.navigateBack(OBJECT)

使用该方法会关闭当前页面,返回上一页面或多级页面。可通过 getCurrentPages() 获取当前的页面栈,决定需要返回几层。该方法的参数说明见表 5-6。

表 5-6　uni.navigateBack 参数说明

参　　数	类　　型	是否必填	说　　明
delta	Number	否	返回的页面数,如果 delta 大于现有页面数,则返回首页
animationType	String	否	窗口关闭的动画效果
animationDuration	Number	否	窗口关闭动画的持续时间,单位为 ms
success	Function	否	接口调用成功的回调函数
fail	Function	否	接口调用失败的回调函数
complete	Function	否	接口调用结束的回调函数(调用成功、失败都会执行)

该路由函数的使用,代码如下:

```
//第 5 章/uni.switch
//当调用 navigateTo 跳转时,调用该方法的页面会被加入堆栈,而 redirectTo 方法则不会
//此处是 A 页面
uni.navigateTo({
    url: 'B?id = 1'
});
//此处是 B 页面
uni.navigateTo({
    url: 'C?id = 1'
});
//在 C 页面内 navigateBack,将返回 A 页面
uni.navigateBack({
    delta: 2
});
```

以上 5 种方法就是 uni-app 中常用的跳转方法,在 5.4.2 节中将介绍如何在 uni-app 中使用 navigator 组件进行跳转。

5.4.2　使用 navigator 组件进行跳转

使用 navigator 组件进行页面跳转,其效果与 HTML 中的<a>组件类似,但 navigator 只能跳转本地页面,并且目标页面必须在 pages.json 文件中注册。该组件的功能与 API 方式相同,实际上该组件就是将 API 的功能进行了一次封装。在 uni-app 中使用该组件进行页面跳转的代码如下:

```
//第 5 章/navigator.vue
< navigator url = "navigate/navigate?title = navigate" hover - class = "navigator - hover">
< button type = "default">跳转到新页面</button>
</navigator>
```

```
    < navigator url = "redirect/redirect?title = redirect" open − type = "redirect"
hover − class = "other − navigator − hover">
< button type = "default">在当前页打开</button>
    </navigator >

    < navigator url = "/pages/tabBar/extUI/extUI" open − type = "switchTab" hover − class =
"other − navigator − hover">
    < button type = "default">跳转 Tab 页面</button>
</navigator >
```

该组件的具体属性说明见表 5-7。

表 5-7　navigator 属性说明

属　　性	类　　型	默　认　值	说　　明
url	String		应用内的跳转链接，值为相对路径或绝对路径
open-type	String	navigate	跳转方式
delta	Number	pop-in/out	当 open-type 取值为 'navigateBack' 时有效，表示回退的层数
animation-type	String	300	当 open-type 为 navigate、navigateBack 时有效，窗口的显示/关闭动画效果
animation-duration	Number	navigator-hover	当 open-type 为 navigate、navigateBack 时有效，窗口显示/关闭动画的持续时间
hover-class	String	否	指定单击时的样式类，当 hover-class = "none" 时，没有单击态效果
hover-stop-propagation	Boolean	false	指定是否阻止本节点的祖先节点出现单击态
hover-start-time	Number	50	按住后多久出现单击态，单位为 ms
hover-stay-time	Number	600	手指松开后单击态保留时间，单位为 ms
target	String	self	在哪个小程序目标上发生跳转，默认为当前小程序，值域为 self/miniProgram

其中 open-type 的有效值见表 5-8。

表 5-8　open-type 取值说明

参　数　值	说　　明
navigate	对应 uni. navigateTo 的功能
redirect	对应 uni. redirectTo 的功能
switchTab	对应 uni. switchTab 的功能
reLaunch	对应 uni. reLaunch 的功能
navigateBack	对应 uni. navigateBack 的功能
exit	退出小程序，当 target = "miniProgram" 时生效

可以看到使用 navigator 组件实现页面跳转功能基本和 API 是一致的，只是写法上略有一些区别。navigator 组件在编写代码上更有优势，但是由于组件中没有回调函数属性，所以无法直接调用跳转成功后的失败或者成功的钩子函数，在实际使用中开发者应该根据不同的场景进行选择。

5.5　本章小结

本章首先介绍了如何使用 HBuilder X 软件结合原型图进行页面的布局及代码的编写,通过首页文字显示功能介绍了在 uni-app 中如何使用指令进行数据绑定。之后通过实现首页逐字输出的效果介绍了如何在 uni-app 中使用函数,并通过函数的概念引申出生命周期的概念,并详细地为读者介绍了 uni-app 中生命周期的钩子函数,以及各个钩子函数的使用场景。在最后完成首页跳转功能页的案例中介绍了 uni-app 路由的相关概念,并使用 API 和 navigator 组件的方式介绍了路由跳转。至此首页的功能已经完成,第 6 章将会继续案例项目的功能页开发,并在不断地完善功能的过程中继续为读者介绍 uni-app 中的常用指令及内置方法。

第6章

功能页开发

本章将绘制功能页面，在页面绘制的过程中引申出软件中复用的概念，并通过复用的概念来介绍如何在 uni-app 中复用技术，并在功能实现的过程中为读者介绍 uni-app 中监听事件的概念及在 uni-app 页面交互功能开发中的一些常用的方法。

6.1　绘制功能页面

2min

在之前的章节中已经绘制好了案例项目的首页。再来回顾下这个过程：确定布局大小和结构→填充最底层的颜色→填充元素→调整元素样式。功能页同样可以依照这个流程进行绘制。首先来观察具体的功能页面，这里以文本翻译功能页为例，在选择该功能后的页面如图 6-1 所示。

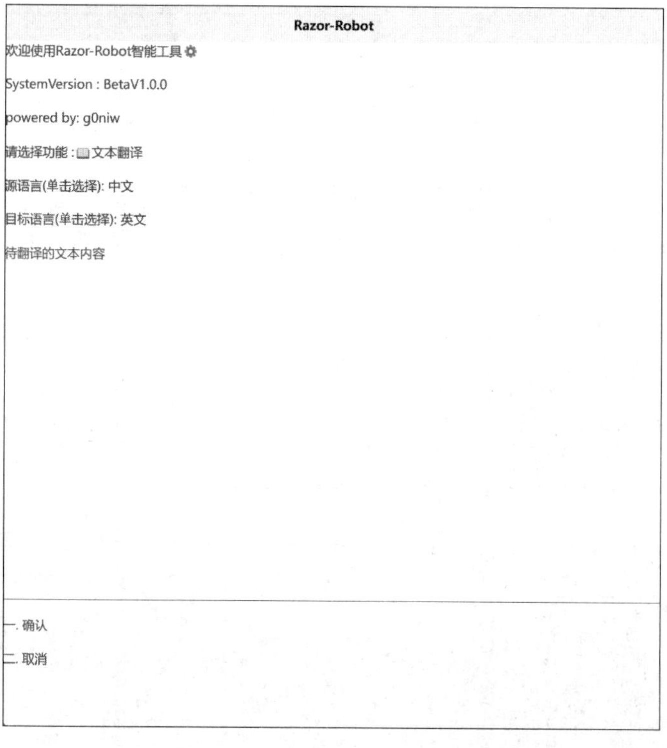

Razor-Robot

欢迎使用Razor-Robot智能工具 ⚙

SystemVersion : BetaV1.0.0

powered by: g0niw

请选择功能：▫ 文本翻译

源语言(单击选择): 中文

目标语言(单击选择): 英文

待翻译的文本内容

一. 确认

二. 取消

图 6-1　文本翻译功能选择页面

　　此时在选择了功能后该页面依然在首页,只是修改了文字显示。在选择好源语言和目标语言后可输入要翻译的文本内容,如图 6-2 所示。

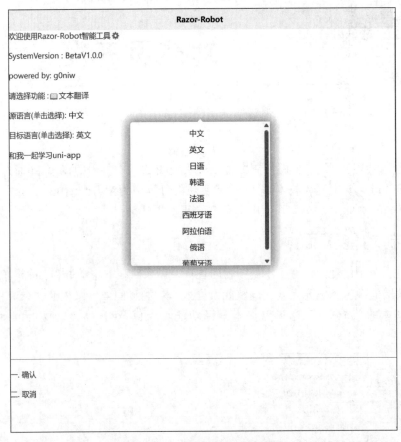

图 6-2　文本翻译功能确认操作

　　输入要翻译的文本内容后单击"确认"按钮即可进行翻译,此时会跳转到需要对应的功能页面,如图 6-3 所示。

　　可以看到功能页的布局和主页几乎一致,整个页面只有 razor-robot 输出的内容是动态变化的,其他的文字显示都是固定的,上述页面的代码如下:

```
//第 6 章/trans.vue
//上半部分文本显示区域
< text decode class = "title" >{{title}}</text style = "color: green;">
//返回按钮
< text :class = "haveChoiceType1" decode style = "color: green;" @click = "goback">{{goon}}</
text >
//划分区域的横线
< view class = "middle - line"></view >
//下半部分结果输出
< view class = "text - area">
< text decode class = "title">{{answer}}</text style = "color: green;">
```

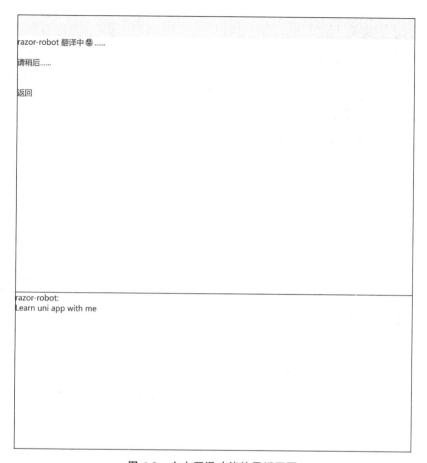

图 6-3 文本翻译功能结果返回页

而样式的部分和主页保持一致，代码如下：

```
//第6章/trans.vue
    .content {
        display: flex;
        flex - direction: column;
        background - color: white;
        height: 2000rpx
    }

.title {
        color: green;
    }

.middle - line {
        height: 1rpx;
        width: 2000rpx;
        margin - top: 350rpx;
        margin - left: auto;
```

```
        margin - right: auto;
        background - color: black;
}

.option {
        border: 3rpx solid green;
}
```

编写完成的功能页面如图 6-4 所示。

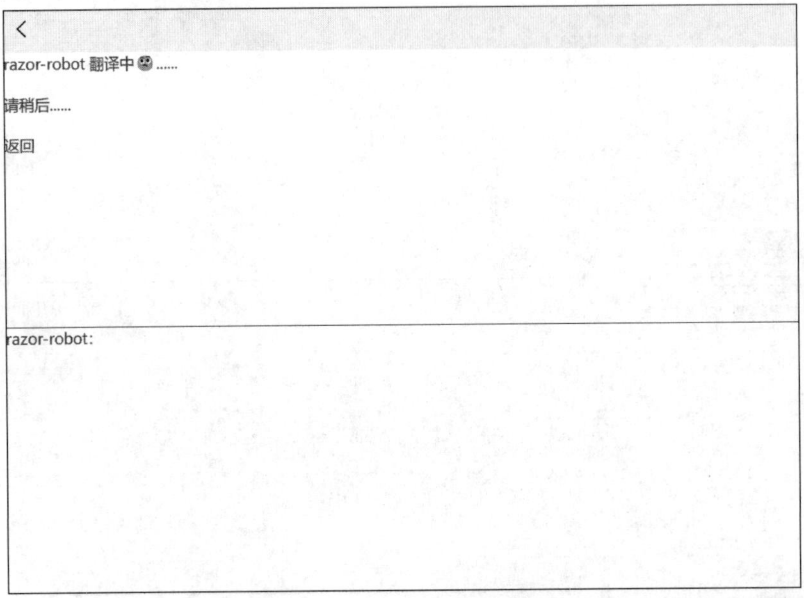

图 6-4　文本翻译功能页

　　可以看到功能页和首页中很多样式的代码相同,有没有一种方法能将这些相同的部分提取出来以达到复用代码的效果呢? 在 6.2 节中会为读者介绍软件复用的概念,以及软件复用技术在 uni-app 中的具体应用。

6.2　软件复用技术

　　软件复用的主要思想是将软件看成由不同功能部分的"组件"所组成的有机体,每个组件在设计时可以被设计成完成同类工作的通用工具,这样,当完成各种工作的组件被建立起来以后,编写特定软件的工作就变成了将各种不同组件组织起来的问题,这对于软件产品的最终质量和维护工作都有本质性的改变。简单来讲,通过软件复用技术可以帮助开发者写出更加简洁、更加容易维护的代码。

　　代码的复用包括目标代码和源代码的复用,其中目标代码的复用级别最低,历史也最久,当前大部分编程语言的运行支持系统提供的连接(Link)、绑定(Binding)等功能来支持这种复用。源代码的复用级别略高于目标代码的复用。大规模地实现源程序的复用可以依靠含有大量可复用构件的构件库,而在开发过程中最常用的技术则是源代码复用技术,而源代码复用技术又可以具体分为以下几种场景。

6.2.1 使用函数库

函数库是一个集成函数的集合,可以将常用的代码块在函数库中封装起来。有助于减少编写重复代码和调试代码的时间。在开发新的程序时,只需调用函数库中的函数,可以达到减少代码量、更好的代码结构和更加易于维护的效果,而在 uni-app 中无论是 JavaScript,还是 uni-app 框架所提供的内置函数都可以看作将函数封装为函数库,从而达到函数复用的目的。当然开发者也可以自己将一些常用的函数封装起来,例如在进行文本翻译时不允许用户输入数字。类似于这种校验功能可以封装成一个函数库,当要使用时直接导入这个函数库即可。首先创建出名为 util 的文件夹,如图 6-5 所示。

图 6-5 创建 util 文件夹

之后在 util 文件夹下新建名为 validate.js 的文件,如图 6-6 所示。

在 validate.js 文件中编写校验函数,代码如下:

```
//只能输入数字的正则表达式
let inputNumber = /[^\d]/g
//正则匹配
export const inputNumberCheck = str =>{
    return !inputNumber.test(str)
}
```

之后再要使用这个函数时,可直接在对应组件的 script 标签中使用 import 进行导入,代码如下:

```
    //第 6 章/index.vue
    <script>
//导入需要使用的函数
    import {
```

```
            inputNumberCheck
        } from "../util/validate.js"
        export default {
            data() {
                return {
                    text: '123'
                }
            },
            methods: {
                //使用函数库中的函数进行校验
                checkInput(){
                    if(inputNumberCheck(this.text)){
                        console.log('校验不通过')
                    }
                }
            }
        }
    </script>
```

图 6-6 新建 validate.js 文件

6.2.2 使用继承

当需要重复使用某些类对象时,可以使用继承来达到代码复用的目的。子类会继承父类所有的属性和方法,这意味着可以重用父类的方法并将其作为子类的一部分。另外,重载是指在同一类中利用同一方法名称定义多种方法,只是它们的参数列表不同。这种方法虽然名称相同,但是参数不同,在编码中可以起到代码复用的目的。首先来看继承的案例,定义一个基类,代码如下:

```
//第 6 章/base.vue
<template>
    <div>
```

```
父类:{{name}}
</div>
    </template>

    <script>
      export default {
name: 'fatherClass',
data(){
return{
name:'父组件'
}
},
methods:{
handle(){
console.log('父组件方法');
}
}
    }
    </script>

    <style>

    </style>
```

再来定义子类,它继承于父类,代码如下:

```
//第6章/children.vue
    <script>
    import fatherClass from './base.vue'
    export default {
        extends:fatherClass,
data(){
return {

}
},
mounted() {
        //使用父类属性
console.log("子类继承父组件 name", this.name);
        //使用父类方法
this.handle()
},
components:{

},
methods:{

}
    }
    </script>
```

打开子类组件页面可以看到控制台中输出如图 6-7 所示的内容,子类成功地获取了父类的属性及方法。

图 6-7　继承获取父类中的属性和方法

6.2.3　使用接口

在开发过程中,可以将一些公共的方法通过接口定义出来,然后让实现了该接口的所有类去实现这些接口方法。这样,当使用这些类对象时就可以直接调用这些公共的接口方法,而不用担心具体实现的差异性。使用接口将极大地提高代码的抽象程度,从而提高代码的复用性,接口与实现类的关系如图 6-8 所示。

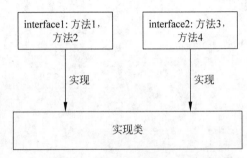

图 6-8　interface 实现复用

实现类中要实现方法 1、方法 2、方法 3、方法 4,如果不使用接口,则对于不同的实现类都需要自己定义并编写具体的逻辑,而使用了接口后它只需实现接口中的方法。

6.2.4　进行模块化开发

模块化与其说是一种技术倒不如说是一种规范,模块化可以将一个大的工程项目划分为若干模块,每个模块都各司其职,这样可以降低代码的耦合度,从而提高代码的复用性,也更容易维护代码。在 uni-app 中使用 export 和 import 实际上就是一种模块化开发的实践方式,示例代码如下:

```
//第 6 章/module.vue
//在 xxx.js 文件中定义方法并使用 export 进行修饰
export const methodA = str =>{
    //具体业务逻辑
}

export const methodB = str =>{
    //具体业务逻辑
}

export const methodC = str =>{
    //具体业务逻辑
}
```

```
//在其他的组件中利用 import 使用这些方法
< script >
    //导入需要使用的函数
    import {
        methodA,
        methodB,
        methodC
    } from "../xxx.js"
</script>
```

6.2.5 使用开源框架

开源框架是一种开放式的技术共享方式,具有高度的代码复用性。以使用 JavaScript 语言开发为例,像 Vue.js、React Native 等开源框架已经成为 JavaScript 开发应用中的常用工具,这些框架可以帮助开发者快速搭建、维护程序,从而提高开发效率。

6.3 uni-app 中的复用技术

6.2 节从宏观层面介绍了软件复用的概念及意义,当然软件复用的技术远不止如此,本节将为读者介绍 uni-app 中一些常用的复用技术。

6.3.1 easycom

传统的 Vue.js 组件需要安装、引用、注册,执行完这 3 个步骤才能使用,代码如下:

3min

```
//第 6 章/classicImport.vue
< template >
< view >
    <!-- 3.使用组件 -->
        < uni－rate text = "1"></uni－rate >
</view >
</template >
< script >
//1. 导入组件
    import uniRate from '@/components/uni－rate/uni－rate.vue';
    export default {
        components: { uniRate } //2. 注册组件
    }
</script >
```

而在 Vue.js 3.x 版本增加了 script setup 特性,将这 3 步优化为两步,无须注册步骤,更为简洁,代码如下:

```
//第 6 章/useEasycom.vue
< template >
    < view >
        <!-- 2.使用组件 -->
        < uni－rate text = "1"></uni－rate >
    </view >
</template >
```

```
< script setup >
    //1. 导入组件
    import uniRate from '@/components/uni-rate/uni-rate.vue';
</script >
```

而 uni-app 的 easycom 机制,将组件引用进一步优化,开发者只管使用,无须考虑导入和注册,更为高效。其实这种约定大于配置的设定在其他主流框架也可以见到,当开发者按照一定的约定进行功能开发时框架会为开发者简化很多细节处理的部分。在 uni-app 中 easycom 的使用方法如图 6-9 所示,首先创建名为 components 的文件夹,之后在该文件夹下创建目录及其他组件。

图 6-9　按 easycom 技术约定创建组件

在 componentA 组件中编写代码:

```
//第 6 章/componentA.vue
< template >
    < view >
        < text >"组件 A"</text >
    </view >
</template >

< script >
    export default {
        data() {
            return {

            }
        },
        methods: {

        }
    }
</script >
```

之后在其他的页面中可以直接引入该组件,代码如下:

```
< template >
    < view >
        < componentA ></componentA >
    </view >
</template >
```

运行后可以看到引用页面的显示如图 6-10 所示。

可以看到使用了 easycom 后将原来的 3 个步骤精减为一步。现在只要组件安装在项目根目录或 uni_modules 的 components 目录下,并符合 components/组件名称/组件名称.vue 或

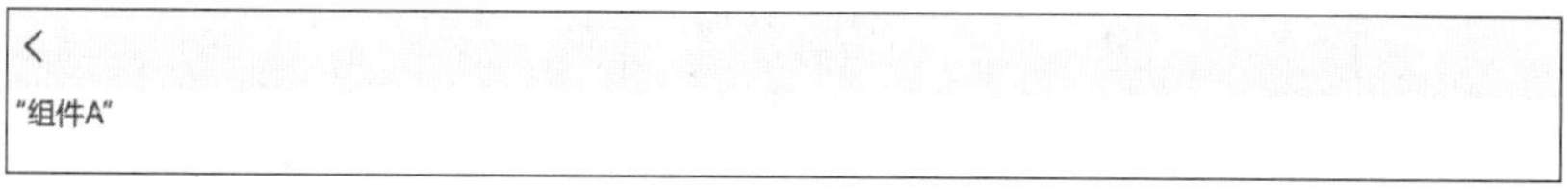

```
                      <
                      "组件A"
```

图 6-10 组件引入并运行

uni_modules/插件 ID/components/组件名称/组件名称. vue 目录结构,就可以不用引用、注册,直接在页面中使用。不管 components 目录下保存了多少组件,easycom 打包后会自动剔除没有使用的组件,对组件库的使用尤为友好。

easycom 是自动开启的,不需要手动开启,有需求时可以在 pages. json 的 easycom 节点进行个性化设置,如关闭自动扫描,或自定义扫描匹配组件的策略。具体配置代码如下:

```
    //第 6 章/easyCommonPages.json
    "easycom": {
"autoscan": true,
"custom": {
"^uni-(.*)": "@/components/uni-$1.vue", //匹配 components 目录内的 Vue 文件
"^vue-file-(.*)": "packageName/path/to/vue-file-$1.vue" //匹配 node_module 内的 Vue 文件
}
    }
```

6.3.2 插槽

Vue. js 文件中实现了一套内容分发的 API,这套 API 的设计灵感源自 Web Components 规范草案,该规范将<slot>元素作为承载分发内容的出口。下面介绍 3 种常用的插槽使用方法。

▷4min

1. 单个插槽

合成组件,代码如下:

```
    <add-button>
addsomething
    </add-button>
```

然后在 add-button 的模板中添加如下代码:

```
    <!-- add-button 组件模板 -->
    <button class = "btn-primary">
<slot></slot>
    </button>
```

当组件渲染时,<slot>将会被替换为 add something,例如下述代码:

```
    <!-- add-button 组件模板 -->
    <button class = "btn-primary">
add something
    </button>
```

当然,不仅是字符串,插槽还可以包含任何模板代码,包括 HTML 或其他组件,例如以下代码:

```
//第 6 章/useSlot.vue
//包含模板的插槽
< todo - button >
<!-- 添加一个 Font Awesome 图标 -->
< i class = "fas fa - plus"></i>
Add todo
</todo - button >

//包含组件的插槽
< todo - button >
<!-- 添加一个图标的组件 -->
< font - awesome - icon name = "plus"></font - awesome - icon >
Add todo
</todo - button >
```

2. 具名插槽

在某些情况下需要多个插槽。例如对于一个带有以下模板的 base-layout 组件,代码如下:

```
//第 6 章/useNameSlot.vue
<!-- base - layout 组件 -->
< view class = "container">
< header >
<!-- 页头放这里 -->
</header >
< main >
<!-- 主要内容放这里 -->
</main >
< footer >
<!-- 页脚放这里 -->
</footer >
</view >
```

对于上述这种情况,slot 元素有一个特殊的属性 name。这个命名属性可以用来定义额外的插槽,代码如下:

```
//第 6 章/useNameSlot.vue
< view class = "container">
< header >
< slot name = "header"></slot >
</header >
< main >
< slot ></slot >
</main >
< footer >
< slot name = "footer"></slot >
</footer >
</view >
```

一个不具有名字的 slot 出口会带有隐含的名字 default。在向具名插槽提供内容时,可以

在一个 template 元素上使用 v-slot 指令,并以 v-slot 的参数的形式提供名称,代码如下:

```
//第6章/useSlot.vue
    <template>
<view>
<!-- 父组件使用子组件'<base-layout>',在节点上使用 v-slot 特性: -->
<base-layout>
<template v-slot:header>
    <view>Here might be a page title</view>
    </template>
    <template v-slot:default>
    <view>A paragraph for the main content.</view>
    <view>And another one.</view>
    </template>
    <template v-slot:footer>
    <view>Here's some contact info</view>
    </template>
</base-layout>
</view>
    </template>
```

现在 template 元素中的所有内容都将被传入相应的插槽,而被渲染的 HTML 的代码如下:

```
//第6章/useSlot.vue
    <div class="container">
<header>
<div>Here might be a page title</div>
</header>
<main>
<div>A paragraph for the main content.</div>
<div>And another one.</div>
</main>
<footer>
<div>Here's some contact info</div>
</footer>
</div>
```

跟 v-bind 指令一样,v-slot 指令也有其缩写形式,即把参数之前的所有内容(v-slot:)替换为字符"♯",例如 v-slot:header 可以被重写为♯header。上述代码被简写后的代码如下:

```
//第6章/v-slot.vue
    <template>
        <view>
<!-- 父组件使用子组件'<base-layout>',在节点上使用 slot 特性: -->
        <base-layout>
        <template ♯header>
            <view>Here might be a page title</view>
        </template>
            <view>A paragraph for the main content.</view>
            <view>And another one.</view>
```

```
            < template # footer >
                < view > Here's some contact info </view >
        </template >
                </base - layout >
            </view >
        </template >
```

3. 作用域插槽

在作用域插槽内,父组件可以获得子组件的数据。子组件可以在 slot 标签上绑定属性值。有时让插槽内容能够访问子组件中才有的数据是很有用的。在子组件中定义当前用户信息,代码如下:

```
        <!-- 子组件< current - user > -->
< template >
< view >
< slot >{{ user.lastName }}</slot >
</view >
        </template >
```

现在需要替换默认的内容,用名而非姓显示,代码如下:

```
        <!-- 父组件使用 -->
        < template >
< view >
< current - user >
{{ user.firstName }}
</current - user >
</view >
        </template >
```

但是上述代码不会正常工作,因为只有< current-user >组件可以访问 user,而提供的内容是在父级渲染的。为了让 user 在父级的插槽内容中可用,可以将 user 作为< slot >元素的一个 attribute 绑定上去,代码如下:

```
        //第 6 章/children.vue
        <!-- 子组件< current - user > -->
        < template >
< view >
< slot :user = "user">{{user.lastName}}</slot >
</view >
        </template >
        < script >
export default {
            data() {
            return {
                user:{
                "lastName":"last",
                "firstName":"first"
                }
            }
```

```
            }
        }
    </script>
```

绑定在<slot>元素上的属性被称为插槽 prop。在父级作用域中,则可以使用带值的 v-slot 来定义并提供插槽 prop 的名字,代码如下:

```
//第6章/childern.vue
<template>
<view>
<current-user>
    <template v-slot:default = "slotProps">
        {{ slotProps.user.firstName }}
    </template>
</current-user>
</view>
</template>
```

同样地,只要出现多个插槽,所有的插槽就都要使用完整的基于<template>的语法,代码如下:

```
//第6章/multiSlot.vue
<template>
    <view>
        <current-user>
            <template v-slot:default = "slotProps">
    {{slotProps.user.firstName}}
</template>
            <template v-slot:other = "otherSlotProps">
...
            </template>
        </current-user>
    </view>
</template>
```

💡注意:在 uni-app 中的保留关键字(例如 canvas、cell、content、countdown 等)不可作为组件名,此外,标准的 HTML 及 SVG 标签名也不能作为组件名。

6.3.3 组合式 API

在 Vue.js 文件中组合式 API 最基本的优势是它能通过组合函数实现更加简洁高效的逻辑复用。在选项式 API 中主要的逻辑复用机制是 mixins,而组合式 API 弥补了 mixins 的所有缺陷。组合式 API 提供的逻辑复用能力孵化出很多不错的开源项目,例如 VueUse,一个不断成长的工具型组合式函数集合。组合式 API 还为其他第三方状态管理库与 Vue.js 的响应式系统之间的集成提供了一套简洁清晰的机制。

setup()钩子是在组件中使用组合式 API 的入口,通常只在以下情况下使用:需要在非单文件组件中使用组合式 API 时或者需要在基于选项式 API 的组件中集成基于组合式 API 的

2min

代码。

　　而在 uni-app 中使用组合式 API 需要从 Vue.js 包内导入并使用基础的组合式 API,可以从@dcloudio/uni-app 包内导入 uni-app 应用生命周期及页面的生命周期,代码如下:

```
//第6章/setup.vue
import { defineComponent, ref } from 'vue'
import { onReady } from '@dcloudio/uni-app'
    export default defineComponent({
setup() {
const title = ref('Hello')
onReady(() => {
console.log('onReady')
  })
  return {
title
}
}
    })
```

或者改用 Script Setup 写法导入 API,代码如下:

```
//第6章/scriptSetup.vue
< script setup >
import { ref } from 'vue'
import { onReady } from '@dcloudio/uni-app'
const title = ref('Hello')
onReady(() => {
console.log('onReady')
  })
</script>
```

6.4　uni-app 事件

　　6.3 节为读者介绍了软件复用的概念及相关的技术应用,并以代码复用为例详细讲解了 uni-app 中几种常用的复用技术,相信读者已经掌握了其中的编程技巧。本节将继续完善功能页面的开发,并为读者介绍 uni-app 中事件的概念及应用。

6.4.1　事件监听及事件处理

　　在 uni-app 中可以用@事件符监听 DOM 事件,并在触发时运行 JavaScript 代码,以案例项目中的功能页返回首页为例,代码如下:

```
//第6章/clickGoBack.vue
//@事件符开启监听单击事件
< view class = "text - area">
    < text :class = "haveChoiceType1" decode style = "color: green;" @click = "goback">返回</text >
</view >
//编写单击事件的具体执行方法
goback(){
setTimeout(() => {
```

```
        uni.reLaunch({
            url: '/pages/index/index'
})
}, 1000)
    }
```

除了可以直接绑定到一种方法,也可以在内联 JavaScript 语句中调用方法,该方法适用于需要在触发监听事件中传入参数的情况,代码如下:

```
//第 6 章/clickGoBack.vue
<template>
<view>
<button @click = "goback('goback')">返回</button>
</view>
</template>
<script>
    export default {
        methods: {
            goback(message) {
                uni.showToast({
                title: message
            });
        }
    }
    }
    </script>
```

还有一种常见的情况是需要在内联语句处理器中访问原始的 DOM 事件。对于这种场景则可以用特殊变量 $event 把该事件传入方法,代码如下:

```
//第 6 章/clickGoBackEvent.vue
    <template>
<view>
        <button @click = "warn('goback', $event)">
            goback
        </button>
</view>
    </template>
    <script>
export default {
        methods: {
        warn(message, event) {
            //可以访问原生事件对象
                if (event) {
                    //可访问 event.target 等原生事件对象
                    console.log(event.target)
                }
                uni.showToast({
                    title: message
                });
```

```
                }
              }
           }
</script>
```

执行上述代码可以在浏览器中获取 event 原生对象,如图 6-11 所示。

图 6-11　获取 event 原生对象

6.4.2　事件修饰符

修饰符(modifier)是以半角句号"."指明的特殊后缀,用于指出一个指令应该以特殊方式绑定。例如,.prevent 修饰符告诉@事件对于触发的事件调用 event.preventDefault(),而在 uni-app 中@事件(v-on)提供了以下修饰符。

(1) stop:各平台均支持,使用时会阻止事件冒泡,在非 HTML5 端同时也会阻止事件的默认行为。

(2) native:监听原生事件,各平台均支持。

(3) prevent:用来阻止浏览器的默认事件,仅在 HTML5 平台支持。

(4) capture:用于添加事件侦听器时使用事件捕获模式,仅在 HTML5 平台支持。

(5) self:self 和 stop 的功能相似,它们都可以阻止冒泡。stop 用于阻止事件向外继续冒泡,当给了子级.stop 后它的父级就不会冒泡,而 self 只会让自身不冒泡。该修饰符仅在 HTML5 平台支持。

(6) once:事件只执行一次,仅在 HTML5 平台支持。

(7) passive:passive 用于提前告诉浏览器不阻止默认事件,提早告诉,可以提高性能。该修饰符仅在 HTML5 平台支持。

以下示例演示了如何在 uni-app 中使用修饰符:

```
//第 6 章/modifier.vue
<template>
<div>
<button @click.prevent = "handleClick">阻止默认行为</button>
<button @click.stop = "handleClick">阻止事件冒泡</button>
<button @click.self = "handleClick">只在元素自身触发</button>
<button @click.once = "handleClick">只触发一次</button>
<button @click.capture = "handleClick">使用捕获模式</button>
```

```
</div>
</template>

<script>
export default {
  methods: {
handleClick() {
      console.log('单击按钮');
    }
  }
}
</script>
```

💡**注意**：为兼容各端，事件需使用@的方式绑定，请勿使用小程序端的 bind 和 catch 进行事件绑定；也不能在 JavaScript 中使用 event. preventDefault( ) 和 event. stopPropagation( ) 方法。

6.4.3　事件映射表

uni-app 中的事件与 Web 事件的对应关系见表 6-1。

表 6-1　uni-app 中的事件与 Web 事件的对应关系

Web 事件	uni-app 对应事件
click	tap
touchstart	touchstart
touchmove	touchmove
touchcancel	touchcancel
touchend	touchend
tap	tap
longtap	longtap
input	input
change	change
submit	submit
blur	blur
focus	focus
reset	reset
confirm	confirm
columnchange	columnchange
linechange	linechange
error	error
scrolltoupper	scrolltoupper
scrolltolower	scrolltolower
scroll	scroll

6.5　uni-app 交互反馈

在 uni-app 中一共有 6 种方法来控制交互反馈,它们分别是 uni. showToast(OBJECT),显示消息提示框;uni. hideToast(),隐藏消息提示框;uni. showLoading(OBJECT),显示 loading 提示框,需主动调用 uni. hideLoading 才能关闭提示框;uni. hideLoading(),隐藏 loading 提示框。uni. showModal(OBJECT),显示模态弹窗;uni. showActionSheet(OBJECT),从底部向上弹出操作菜单。

1. uni. showToast(OBJECT)

使用该方法会显示消息提示框,该方法的参数说明见表 6-2。

表 6-2　uni. showToast 参数说明

参　数	类　型	是否必填	说　明
title	String	是	提示的内容,长度与 icon 取值有关
icon	String	否	图标,默认值为 success
image	String	否	自定义图标的本地路径
mask	String	否	是否显示透明蒙层,防止触摸穿透,默认值为 false
duration	Boolean	否	提示的延迟时间,默认值为 1500ms
position	Number	否	纯文本提示显示位置
success	String	否	接口调用成功的回调函数
fail	Function	否	接口调用失败的回调函数
complete	Function	否	接口调用结束的回调函数(调用成功、失败都会执行)

其中 icon 的具体值见表 6-3。

表 6-3　icon 取值说明

取　值	说　明
success	显示成功图标,title 文本在小程序平台最多显示 7 个汉字长度,App 仅支持单行显示
error	显示错误图标,title 文本在小程序平台最多显示 7 个汉字长度,App 仅支持单行显示
fail	显示错误图标,此时 title 文本无长度显示
exception	显示异常图标。此时 title 文本无长度显示
loading	提示的延迟时间,默认值为 1500ms
none	不显示图标,此时 title 文本在小程序最多可显示两行

现在通过 showToast 函数来完善功能页的代码,如果用户未输入需要翻译的文本,则给用户一个提示,提示用户需要输入待翻译的文本内容,该功能的代码如下:

```
//第 6 章/showToast.vue
checkInput() {
    if (this.text == '') {
        uni.showToast({
            title: '请输入问题',
            icon: 'none'
        })
        return
    }
}
```

如果输入的文本内容为空,则页面将会显示出一个提示框,该提示框如图 6-12 所示。

图 6-12　showToast 消息提示框

2. uni.hideToast()

使用该方法会显示隐藏消息提示框,该方法的代码如下:

```
uni.hideToast();
```

3. uni.showLoading(OBJECT)与 uni.hideLoading()

使用该方法将显示 loading 提示框,此时需主动调用 uni.hideLoading 才能关闭提示框。该方法的参数说明见表 6-4。

表 6-4　uni.showLoading 参数说明

参　　数	类　　型	是否必填	说　　明
title	String	是	提示的内容,长度与 icon 取值有关
mask	String	否	图标,默认值为 success
success	Function	否	接口调用成功的回调函数
fail	Function	否	接口调用失败的回调函数
complete	Function	否	接口调用结束的回调函数(调用成功、失败都会执行)

在一些耗时的场景中可以使用 showLoading 函数来加强用户体验,最常见的场景如下拉加载,如果返回的数据量较大,则可以在获取数据时使用这个函数进行显示,等到获取数据之后再隐藏操作,代码如下:

```
//第 6 章/showLoading.vue
uni.showLoading({
    title: '加载中'
});
//耗时业务
getMessage();
//延时 2s 关闭加载框,此时已经获取了数据
setTimeout(function () {
    uni.hideLoading();
}, 2000);
```

4. uni.showModal(OBJECT)

使用该方法将显示 loading 提示框,此时需主动调用 uni.hideLoading 才能关闭提示框。该方法的参数说明见表 6-5。

表 6-5　uni.showModal 参数说明

参　　数	类　　型	是否必填	说　　明
title	String	否	提示的标题
content	String	否	提示的内容
showCancel	Boolean	否	是否显示"取消"按钮,默认值为 true

续表

参　数	类　型	是否必填	说　明
cancelText	String	否	"取消"按钮的文字,默认为"取消"
cancelColor	HexColor	否	"取消"按钮的文字颜色,默认为"♯000000"
confirmText	String	否	"确定"按钮的文字,默认为"确定"
confirmColor	HexColor	否	"确定"按钮的文字颜色
editable	Boolean	否	是否显示输入框
placeholderText	String	否	显示输入框时的提示文本
success	Function	否	接口调用成功的回调函数
fail	Function	否	接口调用失败的回调函数
complete	Function	否	接口调用结束的回调函数(调用成功、失败都会执行)

其中 success 的具体值见表 6-6。

表 6-6　success 取值说明

取　值	说　明
confirm	当值为 true 时,表示用户单击了"确定"按钮
cancel	当值为 true 时,表示用户单击了"取消"按钮(用于 Android 系统区分单击"蒙层"关闭还是单击"取消"按钮关闭)
content	当 editable 为 true 时,用户输入的文本

在一些需要用户确认的场景中(例如登出或者注销等操作)可以使用模态弹窗进行交互确认,代码如下:

```
//第 6 章/showModal.vue
uni.showModal({
    title: '提示',
    content: '确认需要注销用户么',
    success: function (res) {
        if (res.confirm) {
            console.log('用户单击确定');
            //执行相关逻辑
        } else if (res.cancel) {
            console.log('用户单击取消');
            //执行相关逻辑
        }
    }
});
```

上述代码的显示效果如图 6-13 所示。

图 6-13　showModal 模态弹窗

5. uni. showActionSheet(OBJECT)

使用该方法将从底部向上弹出操作菜单。该方法的参数说明见表6-7。

表 6-7 uni.showActionSheet 参数说明

参 数	类 型	是否必填	说 明
title	String	否	菜单标题
alertText	String	否	警示文案
itemList	Boolean	是	按钮的文字数组
itemColor	HexColor	否	按钮的文字颜色,字符串格式,默认为"♯000000"
popover	String	否	大屏设备弹出原生选择按钮框的指示区域,默认居中显示
success	Function	否	接口调用成功的回调函数(success 返回参数为 tapIndex,其数值为用户单击的按钮,从上到下的顺序,从 0 开始)
fail	Function	否	接口调用失败的回调函数
complete	Function	否	接口调用结束的回调函数(调用成功、失败都会执行)

其中 popover 的具体值见表 6-8。

表 6-8 popover 取值说明

取 值	类 型	说 明
top	Number	指示区域坐标,当使用原生的 navigationBar 时一般需要加上 navigationBar 的高度
left	Number	指示区域坐标
width	Number	指示区域坐标
height	Number	指示区域坐标

在一些需要在弹出窗中进行选择的场景中可以使用选择框进行交互,代码如下:

```
//第 6 章/showActionSheet.vue
uni.showActionSheet({
    itemList: ['物品 A', '物品 B', '物品 C'],
    success: function(res) {
            console.log('选中了第' + (res.tapIndex + 1) + '个按钮');
    },
    fail: function(res) {
            console.log(res.errMsg);
    }
});
```

上述代码的显示效果如图 6-14 所示。

图 6-14 showActionSheet 弹出操作菜单

> 💡 **注意**：在非 H5 端，本章的所有弹出控件都是原生控件，层级最高，可覆盖 video、map、tabbar 等原生控件。

6.6 uni-app 中的数据传递

uni-app 支持 uni.$emit、uni.$on、uni.$once、uni.$off 这 4 种方法，通过这些方法开发者可以方便地进行页面通信，触发的事件都是 App 全局级别的，可以跨任意组件、页面等。

1. uni.$emit(eventName, OBJECT)

该方法会触发全局的自定义事件，附加参数都会传给监听器回调函数，该函数的取值说明见表 6-9。

表 6-9　uni.$emit 取值说明

取　　值	类　　型	说　　明
eventName	String	事件名
OBJECT	Object	触发事件携带的附加参数

2. uni.$on(eventName, callback)

该方法会监听全局的自定义事件，事件由 uni.$emit 触发，回调函数会接收事件触发函数的传入参数。该函数的取值说明见表 6-10。

表 6-10　uni.$on 取值说明

取　　值	类　　型	说　　明
eventName	String	事件名
callback	Function	事件的回调函数

3. uni.$once(eventName, callback)

该方法会监听全局的自定义事件，事件由 uni.$emit 触发，但仅触发一次，在第 1 次触发之后会移除该监听器。该函数的取值说明见表 6-11。

表 6-11　uni.$once 取值说明

取　　值	类　　型	说　　明
eventName	String	事件名
callback	Function	事件的回调函数

4. uni.$off([eventName, callback])

该方法会监听全局的自定义事件，事件由 uni.$emit 触发，回调函数会接收事件触发函数的传入参数。该函数的取值说明见表 6-12。

表 6-12　uni.$off 取值说明

取　　值	类　　型	说　　明
eventName	Array＜String＞	事件名
callback	Function	事件的回调函数

还是以案例项目为例,首页用户输出的内容需要传递到功能页进行显示,首先在首页定义 emit 事件以传递用户输入,代码如下:

```
//第 6 章/emit.vue
choiceT1() {
    let a = this.input
    uni.$emit('input',{msg:a})
    uni.navigateTo({
            url: '/pages/index/trans',
            success(res) {
                    console.log("成功跳转 trans 页面")
            }
    });
}
```

之后再到翻译功能页面接受这个传递的参数,代码如下:

```
uni.$on('input', function(data) {
    console.log('监听到事件来自 input,携带参数 msg 为' + data.msg);
});
```

当触发首页中的 choiceT1 方法时会跳转到 trans 页面,并且在 trans 页面中可以获取首页传递的 input 参数,如图 6-15 所示。

| 监听到事件来自 input,携带参数 msg 为:1asd | trans.vue:59 |
| 成功跳转trans页面 | index.vue:52 |

图 6-15 首页与功能页数据传递

6.7 本章小结

本章首先从对功能页面的设计进行复用引申出软件复用的相关知识,并通过案例详细介绍了在 uni-app 中软件复用的技术应用。之后通过完善案例项目的功能点介绍了 uni-app 中的事件及 uni-app 中的页面交互反馈。相信读者现在已经能够通过复用技术优化自己的代码并且已经掌握了在 uni-app 中如何监听事件及处理事件。最后介绍了在 uni-app 界面交互的相关方法,以及页面、组件之间的数据传递的方式,通过这些技术项目的功能页面已经基本完善。在第 7 章将会开始服务器端的建设,并在完善客户端和服务器端之间的数据传输的过程中为读者介绍 uni-app 中的常用指令及内置方法。

服务器端篇

第7章

服务器端建设

本章将开始讲述服务器端的建设工作,并会在服务器端的集成功能页根据需要的服务能力不断地完善案例项目功能,并在此过程中介绍如何使用 spring-boot 框架快速构建服务器端。

7.1 软件架构演进

在传统的软件开发领域中一般会将软件分为客户端和服务器端,而客户端又通常被称为前端,也就是用户的使用端,而与之对应的服务器端则可以被称为后端,服务器端主要用于数据和业务逻辑的处理。它们彼此之间各司其职,但又不可分割。在早期,Web 应用开发主要采用前后端不分离的方式,它是以后端直接渲染模板完成响应为主的一种开发模式。前后端不分离方式开发 Web 应用的架构如图 7-1 所示。

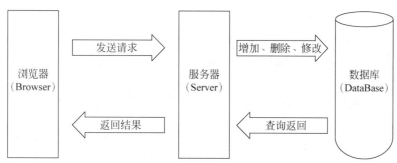

图 7-1 前后端不分离架构

首先客户端通过浏览器向服务器发起请求,服务器接收到请求后进行相应的业务处理并到数据库中获取数据,然后渲染 HTML 模板并返回渲染后的 HTML 数据。在这种架构模式下客户端相当于只用作展示和交互的部分,逻辑处理和数据操作由后端来完成。这样做的好处是由于客户端和服务器端的代码都在一个文件中,其开发的难度会小一些,可以很迅速地完成 Web 应用的开发,例如在 Java 开发体系中的动态网页开发技术(Java Server Pages,JSP),但是它的缺点也很明显。由于逻辑层和交互层的代码交织在一起,所以客户端和服务器端的耦合度很高(在.jsp 文件中会混合着 HTML、JavaScript、Java 等语言),其编写出的应用程序的代码可读性比较差,非常不利于维护及扩展,而且由于其返回的是 HTML 数据,所以这种技术只能适用于 Web 端开发,无法复用。

所以在前后端不分离的架构设计下又演进出了前后端分离的架构体系,以 Java 开发体系为例,随着 AJAX 技术的出现,其可以在不刷新页面的情况下向服务器发送 HTTP 请求,数据的抽离让业务处理和界面处理划清了界限,从而出现了前后端分离的开发模式,其架构如图 7-2 所示。

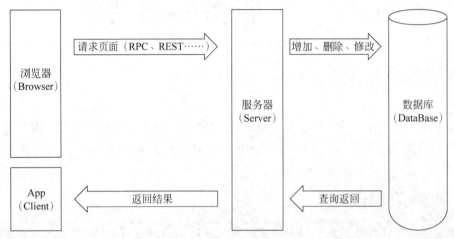

图 7-2　前后端分离架构

前后端的架构分离不仅是人员职责上的划分,这种低耦合的设计有利于处理更加大型、复杂的软件,让软件拥有更强的扩展性,而架构的分离同时也促进了技术的多样性,而正是这种多样性从而衍生出了更多的架构设计。

7.1.1　MVC 架构风格

复杂的软件必须有清晰合理的架构,否则无法开发和维护,而模型-视图-控制(Model-View-Controller,MVC)是最常见的软件架构之一。在 MVC 的开发模式下软件被分为 3 个组成部分,如图 7-3 所示。

其中,View 代表视图层,该层级用于接收用户的交互请求并根据用户的具体操作将对应的数据展示给用

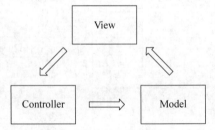

图 7-3　MVC 设计下的数据流向

户,其返回的数据可以是一个 Model 或者多个 Model 的混合,而 Controller 则可以视作 View 和 Model 之间的连接器,它可以用于处理 View 的请求并给对应的 Model 去处理,而 Model 则负责与数据相关的增加、删除、更改、查询操作。三者之间的通信方式是单向的,数据首先从 View 将指令传送到 Controller,随后 Controller 完成业务逻辑后会要求 Model 改变数据状态,Model 将改变好的新数据发送到 View 层,用户最终得到反馈。

而该架构风格在实际的运用中,往往会采取更加灵活的数据流转方式,例如 Java 系中的 SpringMVC 还有 JavaScript 系中的 Backbone.js 均采用了 MVC 的架构方式,现以 Backbone.js 为例,其数据流向如图 7-4 所示。

在 Backbone.js 的框架设计下用户可以向 View 发送指令(对应的 DOM 事件),再由 View 直接通知 Model 改变数据状态。用户也可以直接向 Controller 发送指令(改变 URL 触

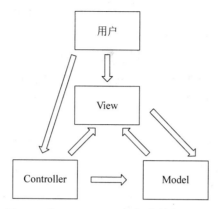

图 7-4　在 Backbone.js 框架中的数据流向

发 hashChange 事件），再由 Controller 发送给 View。在该框架设计中 Controller 所要处理的
工作非常少，只起到路由的作用，而相对应的 View 所要处理的工作则非常多，通常业务处理
的逻辑在 View 中进行，所以在 Backbone.js 文件中淡化了 Controller 的作用，只保留一个
Router（路由器）。虽然这种模式在开发中更加灵活，但是这种灵活也会导致一些严重的问题：

（1）数据流混乱。对于 Model 和 View 的数据交互，由于 View 和 Model 存在多对多的关
系，所以在项目复杂之后它们之间的关系会变得非常杂乱，而且维护起来非常麻烦。这就是灵
活开发带来的后遗症。以 Backbone.js 举例，Backbone.js 将 Model 的 set 和 on 方法暴露出
来，方便外部对其进行直接操作，但灵活的同时带来了关系映射杂乱。

（2）View 比较庞大，而 Controller 比较单薄。由于很多开发者会在 View 中写一些逻辑
代码，所以逐渐地就导致 View 中的内容越来越庞大，而 Controller 变得越来越单薄。就如
Backbone.js 文件中的那样，Controller 最终退化为了 Router。

7.1.2　Flux 架构风格

在之前介绍 MVC 时，提及过 MVC 最主要的缺点就是 Model 与 View 之间的数据交互杂
乱，从而导致数据流混乱，难以管理。正是看到了这些问题，Facebook 在这个基础上对 MVC
做出了改进，将数据流改为单向流动。Flux 架构下的数据流向如图 7-5 所示。

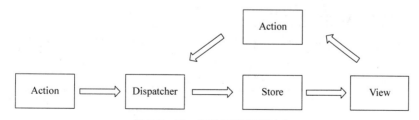

图 7-5　Flux 架构下的数据流向

其中，View 代表视图层；Action 代表数据改变的消息对象，而 Action 对象包含 type（类
型）与 payload（传递参数）；Dispatcher 代表派发器，用于接收 Action，并发给所有的 Store，而
Store 作为数据层存放着应用状态与更新状态的方法，一旦发生变动，就提醒 View 更新页面。

从图 7-5 可以看到数据流首先从 Action 到 Dispatcher，再到 Store，最后流向 View，构成

了一条单向数据流,而这里的 Dispatcher 会严格地限制开发者操作数据的行为,同时在 Store 中也不会暴露 setter 接口,防止数据被随意修改。

在 Flux 的架构风格下所有数据都要流经 Dispatcher,Dispatcher 作为中心 Hub。Action 会给 Dispatcher 提供一个 Action Creator 方法,创建完成之后 Dispatcher 会调用 Store 注册的回调方法,将 Action 派发到所有的 Store。在注册的回调中 Store 会响应与它们维护的状态相关的任何操作。随后 Store 会触发一个事件,通知 controller-view 数据已经改变,而 controller-views 之后会调用 setState()方法,重新渲染页面和子组件树。

7.1.3　MVP 架构风格

由于 Angular 的提前出现。前端的变化中少有 MVP 设计模式下的框架实现,但是在安卓等原生开发时,MVP 依旧有一席之地。MVP 模式是基于 MVC 模式的用户界面表示技术。在 MVP 架构风格下将职责分配为 View 负责渲染用户界面元素,提供接口供 Presenter 调用;Presenter 充当 Model 和 View 的中间人的角色;Model 层负责处理业务逻辑和管理状态。其数据流向图如图 7-6 所示。

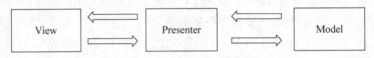

图 7-6　MVP 设计下的数据流向

在 MVP 的架构风格中各部分之间的通信都是双向的。View 与 Model 之间不会发生通信,数据都通过 Presenter 传递,而 View 所要处理的任务非常少,通常在这个层级不会部署任何业务逻辑,称为被动视图(Passive View),即没有任何主动性,一切的变化都要依赖于 Presenter,所以导致了 Presenter 要处理的任务相对较多,所有逻辑都需要在这一层级进行处理。可以看到在 MVP 的架构风格下,View 和 Model 之间是松耦合的,Presenter 负责将 Model 绑定到 View。相对于 MVC 来讲少了一些灵活,View 变成了被动视图,并且本身变得很小。虽然它分离了 View 和 Model,但是应用逐渐变大之后,缺陷也会随之暴露。由于大部分逻辑需要 Presenter 进行管理,这最终导致 Presenter 的体积增大,难以维护。

7.1.4　MVVM 架构风格

在 MVVM 的架构风格下软件被拆分成了 3 个角色:Model、View、ViewModel,而其中的 ViewModel 可以视为 Presenter 的进阶版,其数据流向如图 7-7 所示。

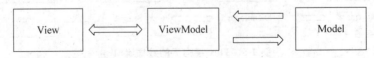

图 7-7　MVVM 设计下的数据流向

在这里 View 是 ViewModel 的外在显示,和 ViewModel 的数据是同步的。一旦 View 中的数据发生变化就会自动同步到 ViewModel,然后 ViewModel 可以将变化的数据传给 Model。同样地,如果 Model 中的数据发生改变,就会将值传给 ViewModel,而 ViewModel 也会同步更新到 View 中。简单地说就是无论 Model 还是 View 中的数据发生变化都会通过 ViewModel 这个中间者通知对方。

这种设计的好处就是 View 和 Model 之间被分离开来。它采用双向绑定(data-binding):View 的变动会自动反映在 ViewModel 上,同样地,Model 的变动也会反映在 ViewModel 上。现在前端的主流框架(例如 Angular、Vue. js、React 等)都实现了该模式。

7.2 服务器端环境工具准备

在简要地介绍了前后端分离架构的设计及前端框架演进史后本节将会开始服务器端的构建,而服务器端的开发语言首选的是 Java。时至今日,历经 30 多年的发展,基于 Java 构建出的一系列软件架构和规范早已确立了其作为服务器端开发语言不可撼动的地位。Java 是绝大多数类型的网络应用程序的基础,也是开发和提供嵌入式、移动应用程序或者 Web 应用等的全球标准,而基于 Java 语言的框架也层出不穷,而其中应用最为广泛的非 Spring Boot 莫属了,下面就以 Spring Boot 为例介绍如何快速搭建服务器端。

7.2.1 JDK 环境配置

类似于开发 Vue. js 应用要安装 Node. js 环境,开发 Java 应用,则需要安装 JDK 环境。首先打开 https://www.oracle.com/java/technologies/downloads 网站来到 JDK 下载页。选择对应系统下的安装包即可,该下载页面如图 7-8 所示。

| JDK 20 | JDK 17 | GraalVM for JDK 20 | GraalVM for JDK 17 |

JDK Development Kit 20.0.1 downloads

JDK 20 binaries are free to use in production and free to redistribute, at no cost, under the Oracle No-Fee Terms and Conditions.

JDK 20 will receive updates under these terms, until September 2023 when it will be superseded by JDK 21.

| Linux | macOS | Windows |

Product/file description	File size	Download
x64 Compressed Archive	180.81 MB	https://download.oracle.com/java/20/latest/jdk-20_windows-x64_bin.zip (sha256)
x64 Installer	159.95 MB	https://download.oracle.com/java/20/latest/jdk-20_windows-x64_bin.exe (sha256)
x64 MSI Installer	158.74 MB	https://download.oracle.com/java/20/latest/jdk-20_windows-x64_bin.msi (sha256)

图 7-8 JDK 下载并安装

下载完成之后按照安装包指引操作,即可完成 JDK 开发环境配置。如果是 Windows 系统,则可以通过在 DOS 命令行中运行 java-version 命令来检查 JDK 是否安装配置成功,如果成功,则会显示出如图 7-9 所示的 JDK 版本号。

```
Microsoft Windows [版本 10.0.22621.1848]
(c) Microsoft Corporation. 保留所有权利。

C:\Users\wings>java -version
java version "20.0.1" 2023-04-18
Java(TM) SE Runtime Environment (build 20.0.1+9-29)
Java HotSpot(TM) 64-Bit Server VM (build 20.0.1+9-29, mixed mode, sharing)
```

图 7-9 JDK 环境确认

3min

7.2.2　IDEA

在完成了 JDK 的安装之后接下来介绍相关开发工具的安装。Java 系的主流的开发工具一般选择 IDEA。在 https://www.jetbrains.com/zh-cn/idea/download 网页下可以下载到最新版本的 IDEA,它分为商用版和社区版(开源且免费),这里选择社区版本进行下载,该软件的下载页面如图 7-10 所示。

图 7-10　IDEA 软件下载

下载完安装包后按照指引操作即可完成软件的安装。安装完成之后使用 IDEA 创建出第 1 个 Java 项目并运行,以此来熟悉 IDEA 的操作。打开 IDEA 创建出第 1 个 Java 项目,首先单击 NewProject 按钮,新建项目的操作如图 7-11 所示。

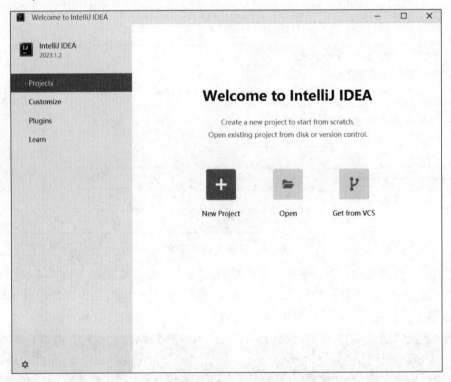

图 7-11　新建项目窗口

单击之后在新弹出的窗口中选择 NewProject 选项,修改好项目名称之后单击 Create 按钮即可完成项目的创建。这个操作过程如图 7-12 所示。

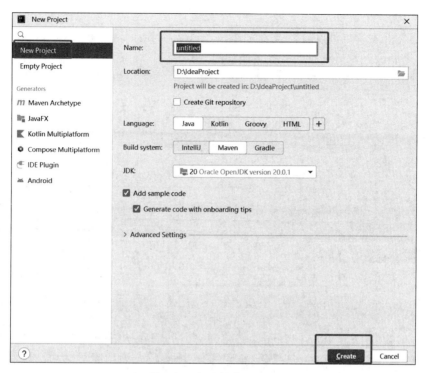

图 7-12 创建并命名项目

单击之后该软件的开发页面将会被打开，其与 HBuilder X 工具类似，同样也被分为 3 个主要的操作区域，该软件开发页面如图 7-13 所示。

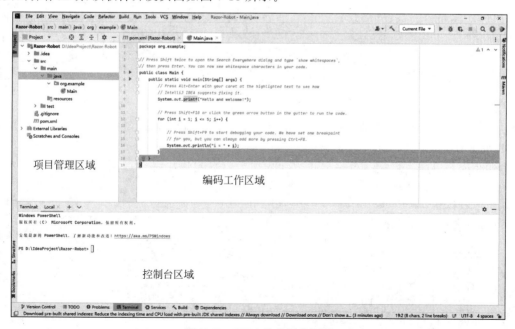

图 7-13 IDEA 软件开发页面

和 HBuilder X 中自带了 npm 包管理工具类似,IDEA 也为开发者提供了 Maven 工具进行包管理。当然开发者也可以自行安装配置,在 Settings 界面框中搜索 Maven 即可看见该配置选项,单击之后可以看到对应的配置页面如图 7-14 所示。

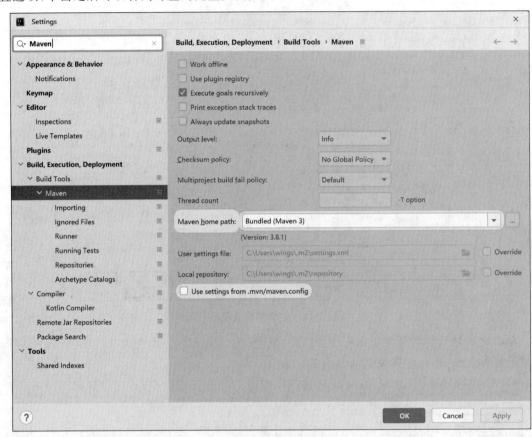

图 7-14　Maven 配置页面

其中比较重要的就是 settings.xml 的配置路径,该配置主要用来修改下载依赖函数库的位置,还有 repository 的路径配置,该配置主要用来存储下载下来的依赖库存放的位置。该文件的主要配置如下:

```xml
//第 7 章/settings.xml
<?xml version = "1.0" encoding = "UTF - 8"?>
< settings xmlns = "http://maven.apache.org/SETTINGS/1.0.0"
    xmlns:xsi = "http://www.w3.org/2001/XMLSchema - instance"
    xsi:schemaLocation = "http://maven.apache.org/SETTINGS/1.0.0
http://maven.apache.org/xsd/settings - 1.0.0.xsd">
<!-- 指定本地库存放位置 -->
< localRepository > D:\\develop\\mavenRepository </localRepository>
<!-- 指定下载源地址,这里选取国内镜像网址以加快下载 -->
< mirrors >
< mirror >
```

```
                    < id > alimaven </ id >
                    < mirrorOf > central </ mirrorOf >
                    < name > aliyun maven </ name >
                < url > http://maven. aliyun. com/nexus/content/repositories/central/</ url >
        </ mirror >
        </ mirrors >
        < profiles >
        <!-- Java 版本 -->
        < profile >
        < id > jdk - 1. 8 </ id >
                < activation >
                < activeByDefault > true </ activeByDefault >
                < jdk > 1. 8 </ jdk >
        </ activation >
        < properties >
                < maven. compiler. source > 1. 8 </ maven. compiler. source >
                < maven. compiler. target > 1. 8 </ maven. compiler. target >
                        < maven. compiler. compilerVersion > 1. 8 </ maven. compiler. compilerVersion >
        </ properties >
        </ profile >
                </ profiles >
        </ settings >
```

再回到刚创建好的项目，与 uni-app 中的 main. js 文件为程序提供了入口类似。在新建的项目中 Main. java 文件作为该程序的入口，可以看到该文件中有一个 Main 函数，在该页面中可以通过 3 种单击方式运行此函数，其触发方式如图 7-15 所示。

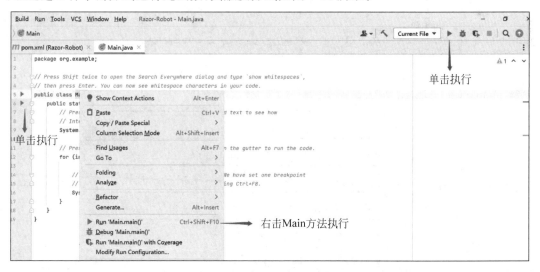

图 7-15 Main 函数执行方式

执行该 Main 函数后可以看到控制台会打印出如图 7-16 所示的日志信息。

```
Hello and welcome!i = 1
i = 2
i = 3
i = 4
i = 5

Process finished with exit code 0
```

图 7-16　Main 函数执行日志打印

7.3　创建 Spring Boot 应用

通过 7.2 节的介绍,相信各位读者已经完成了 JDK 环境的配置并通过 IDEA 成功地运行了 Main 函数,其实在这个过程中可以发现 IDEA 与 HBuilder X 有不少共同点。在本节中将介绍如何使用 IDEA 来使用 Spring Boot 框架建立起服务器端并完成 uni-app 应用与 Spring Boot 应用之间的通信测试。

7.3.1　快速构建应用

创建 Spring Boot 应用的方式有很多种,现在介绍如何通过 Spring Boot 官网推荐的方式快速构建 Spring Boot 应用。首先访问 https://start.spring.io/网站,在 Project 选项中选择 Maven,在 Language 选项中选择 Java,Spring Boot 选择默认版本,打包方式选择 Jar,Java 的版本选择已经安装好的 JDK 对应的版本,该创建页面如图 7-17 所示。

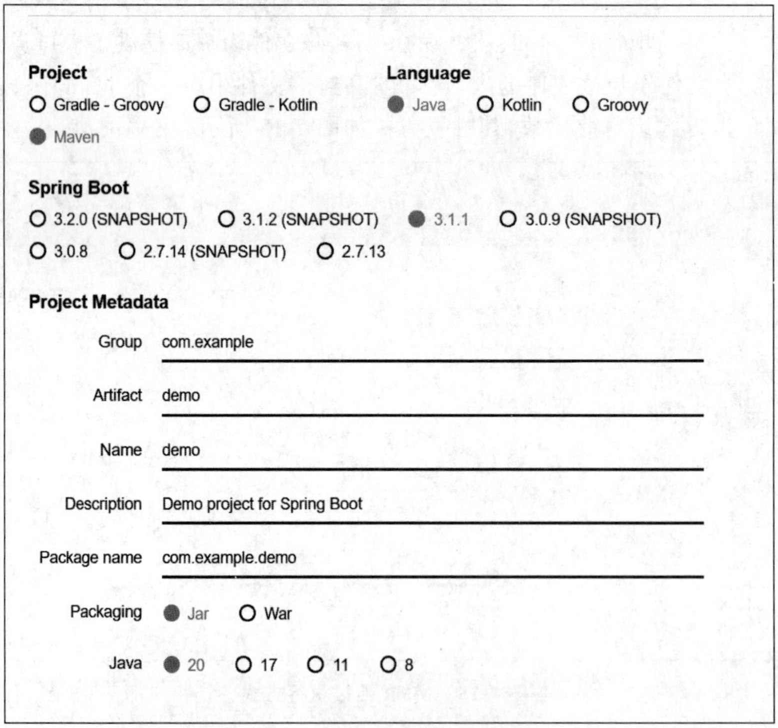

Project　　　　　　　　　　**Language**
○ Gradle - Groovy　　○ Gradle - Kotlin　　● Java　　○ Kotlin　　○ Groovy
● Maven

Spring Boot
○ 3.2.0 (SNAPSHOT)　　○ 3.1.2 (SNAPSHOT)　　● 3.1.1　　○ 3.0.9 (SNAPSHOT)
○ 3.0.8　　○ 2.7.14 (SNAPSHOT)　　○ 2.7.13

Project Metadata

Group　　com.example

Artifact　　demo

Name　　demo

Description　　Demo project for Spring Boot

Package name　　com.example.demo

Packaging　　● Jar　　○ War

Java　　● 20　　○ 17　　○ 11　　○ 8

图 7-17　Spring Boot 项目初始化

选择好项目配置后再到右边的部分选择依赖(已经封装好的函数库),如图 7-18 所示,选择 SpringWeb(创建 Web 应用所需要的函数库)和 Lombok 依赖(包含的注解可简化开发)

选择完之后单击下方的 Create 选项就可以得到 Spring Boot 项目文件了,解压该文件之后通过 IDEA 打开这个文件,单击 File→Open,选择刚刚下载并解压好的项目文件进行导入,如图 7-19 所示。

图 7-18 Spring Boot 项目添加依赖

图 7-19 IDEA 导入 Spring Boot 项目

导入之后 Maven 会根据 pom. xml 文件中的配置下载好依赖项。这个过程类似于 npminstall。和运行 Main 文件类似,Spring Boot 项目中也有对应的主函数,在 xxxApplication 文件中可以看到这种方法,其对应的代码如下:

```
//第 7 章/DemoApplication.java
@Spring BootApplication
public class DemoApplication {
    public static void main(String[ ] args) {
            SpringApplication. run(DemoApplication.class, args);
    }
}
```

其启动方式也和 Main 文件一样,只不过这里的 main 方法里运行的是 Spring Boot 应用,在启动成功后可以在控制台中看到日志输出,如图 7-20 所示。

```
main] com.example.demo.DemoApplication            : No active profile set, falling back to 1 default profile: "default"
main] o.s.b.w.embedded.tomcat.TomcatWebServer      : Tomcat initialized with port(s): 8080 (http)
main] o.apache.catalina.core.StandardService       : Starting service [Tomcat]
main] o.apache.catalina.core.StandardEngine        : Starting Servlet engine: [Apache Tomcat/10.1.10]
main] o.a.c.c.C.[Tomcat].[localhost].[/]           : Initializing Spring embedded WebApplicationContext
main] w.s.c.ServletWebServerApplicationContext     : Root WebApplicationContext: initialization completed in 651 ms
main] o.s.b.w.embedded.tomcat.TomcatWebServer      : Tomcat started on port(s): 8080 (http) with context path ''
main] com.example.demo.DemoApplication            : Started DemoApplication in 1.234 seconds (process running for 1.54)
```

图 7-20　Spring Boot 项目启动日志

可以看到 Spring Boot 应用运行在端口 8080 上,此时在浏览器中访问 http://127.0.0.1:8080 就可以访问 404 页面,代表该应用服务器已经成功启动(由于没有编写页面,所以会返回 404)。

7.3.2　Spring Boot 目录结构及文件解读

创建出的 Spring Boot 项目的目录结构如图 7-21 所示。

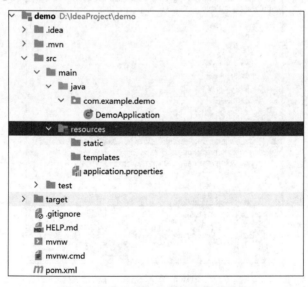

图 7-21　Spring Boot 项目目录的结构

这里可以将 Spring Boot 的目录结构及文件与 uni-app 项目的目录结构和文件进行对比,其具体说明见表 7-1。

表 7-1　Spring Boot 目录结构及全局文件说明

文件/目录名称	作　用
java	所有.java 文件的存放位置,类似于 uni-app 中的 index 文件夹
resources	目录通常用来存放项目引用的静态资源和配置文件
test	目录通常用来存放测试文件
target	类似于 uni-app 中的 build 文件夹,用于存放打包文件
static	和 uni-app 中的 static 文件夹的作用一样,通常用来存放静态文件
templates	用于存放模板文件的目录
Application.java	作用相当于 App.vue 文件,里面包含 main 函数,是程序的入口
application.properties	作用类似于 manifest.json,用于程序相关配置
pom.xml	类似于 uni-app 中的 package.json 文件,记录了项目相关依赖

可以看到每个文件或者目录都能在 uni-app 项目中找到其对应的关系。

7.3.3　uni.request

3min

7.3.2 节介绍过前后端分离的架构设计,现在 Spring Boot 作为服务器端而 uni-app 则作为客户端。那么它们之间要以何种方式进行交互呢? 要解决这个问题,首先需要建立服务器端的服务能力,而通过 Spring Boot 框架可以快速地使其具有这个能力,例如下述代码:

```
//第 7 章/sayHello.java
//@RestController 代表将 testController 类交给 Spring Boot 容器管理
@RestController
public class testController {
    //@GetMapping 表示该资源通过 GET 请求就可以访问,而"/sayHello"则代表其访问路径
@GetMapping("/sayHello")
    public String sayHello(){
        //System.out 代表输出流,println 代表换行打印
        System.out.println("hello");
        return "hello";
}
    }
```

此时在浏览器中访问 http://127.0.0.1:8080/sayHello 可以看到如图 7-22 所示的页面。

hello

图 7-22　发送 GET 请求访问 Spring Boot 资源

那么 uni-app 如何到服务器端获取这个资源呢? 在 uni-app 中可以使用 uni.request (OBJECT)发起网络请求,该方法的具体参数见表 7-2。

表 7-2　uni.request(OBJECT)参数说明

参　　数	类　　型	是否必填	说　　明
url	String	是	开发者服务器接口地址
data	Object/String/ArrayBuffer	否	请求的参数

续表

参　　数	类　　型	是否必填	说　　明
header	Object	是	设置请求的 header, header 中不能设置 referer
method	String	否	请求方式, 默认值为 GET
timeout	Number	否	超时时间, 单位为 ms, 默认值为 60000
dataType	String	否	默认值为 json, 会对返回的数据进行一次 JSON. parse, 非 JSON 格式则不会进行 JSON. parse
responseType	String	否	设置响应的数据类型。合法值: text、arraybuffer
sslVerify	Boolean	否	是否开启 ssl 证书验证
withCredentials	Boolean	否	跨域请求时是否携带凭证(Cookies)
firstIpv4	Boolean	否	DNS 解析时是否优先使用 IPv4
enableHttp2	Boolean	否	是否开启 http2
enableQuic	Boolean	否	是否开启 quic
enableCache	Boolean	否	是否开启 cache
enableHttpDNS	Boolean	否	是否开启 HttpDNS 服务。如开启, 则需要同时填入 httpDNSServiceId
httpDNSServiceId	String	否	HttpDNS 服务商 Id
enableChunked	Boolean	否	开启 transfer-encoding chunked
forceCellularNetwork	Boolean	否	WiFi 下使用移动网络发送请求
enableCookie	Boolean	否	开启后可在 headers 中编辑 Cookie
cloudCache	Object/Boolean	否	是否开启云加速
defer	Boolean	否	控制当前请求是否延时至首屏内容渲染后发送
success	Function	否	接口调用成功的回调函数
Fail	Function	否	接口调用失败的回调函数
complete	Function	否	接口调用结束的回调函数(调用成功、失败都会执行)

其中 success 的返回参数见表 7-3。

表 7-3　success 参数说明

参　　数	类　　型	说　　明
data	Object/String/ArrayBuffer	开发者服务器返回的数据
statusCode	Number	开发者服务器返回的 HTTP 状态码
header	Object	开发者服务器返回的 HTTP Response Header
Cookies	Array＜string＞	开发者服务器返回的 Cookies, 格式为字符串数组

最终发送给服务器的 data 数据是 String 类型, 如果传入的 data 不是 String 类型, 就会被转换成 String。其转换规则如下:

(1) 对于 GET 方法, 会将数据转换为 query string。例如{ name: 'name', age: 18 }转换

后的结果是 name＝name＆age＝18。

（2）对于 POST 方法且 header［'content-type'］为 application/json 的数据会进行 JSON 序列化。

（3）对于 POST 方法且 header［'content-type'］为 application/x-www-form-urlencoded 的数据会将数据转换为 query string。

现在保持 Spring Boot 应用处于运行状态，在 uni-app 中通过 uni.request（OBJECT）方法来发送请求以获取资源，代码如下：

```
//第7章/getHello.vue
getHello(){
    uni.request({
            url: 'http://127.0.0.1:8080/sayHello',
            data:{
                    getMessage:'message'
            },
            success: (res) => {
                    console.log(res.data);
                    this.getMessage = 'request success';
            }
    })
}
```

之后在 uni-app 的 Web 端中触发这种方法，如果不出意外，则该请求应该无法到达服务器端，并且在浏览器的控制台中会看到相关的错误日志，该日志的具体信息如图 7-23 所示。

> ⊗ Access to XMLHttpRequest at 'http://127.0.0.1:8080/sayHello?getMessage=m :8081/#/pages/index/trans:1
> essage' from origin 'http://localhost:8081' has been blocked by CORS
> policy: No 'Access-Control-Allow-Origin' header is present on the requested resource.
>
> ⊗ ▶GET http://127.0.0.1:8080/sayHello?getMessage=message net::ERR_FAILED chunk-vendors.js:14596
> 200
>
> ＞ |

图 7-23　同源策略导致的请求失败

可以看到日志中 http://localhost:8081 发送到 http://127.0.0.1:8080 的请求被同源策略拦截了，从而导致无法进行跨域资源共享（Cross-Origin Resource Sharing，CORS），所以最终这个请求无法正常地发送到服务器端。

7.3.4　同源策略及解决方案

在介绍如何开启 CORS 策略前先介绍同源策略，同源策略是浏览器重要的安全策略，它是一种用于限制文档或加载的脚本（JavaScript）与另一个源的资源进行交互的策略。该策略能够减少恶意的文档，减少可能被攻击的媒介。如果两个 URL 的协议、域名、端口号都相同，就称这两个 URL 同源，而浏览器默认两个不同的源之间是无法互相访问资源和操作 DOM 的，所以两个不同的源之间若想要访问资源或者操作 DOM，则出于安全考虑就需要有一套安全策略，而这个策略就称为同源策略。以 http://localhost:8080 为例，其同源策略的具体说明见表 7-4。

表 7-4　同源策略说明

URL	是否同源	说　　明
http://localhost:8080/index.html	是	同源
http://localhost:8080/page/other.html	是	同源
https://localhost:8080/index.html	否	协议不同,不同源
https://localhost:8081/	否	端口不同,不同源
https://otherhost:8080/	否	域名不同,不同源

如果想解决这个问题,则常见的方式有两种:一种是通过服务器端开启跨域资源共享;另一种是通过代理访问。

1. 开启跨域资源共享

如果想要获取跨域的资源,同源策略就会成为一种枷锁,使数据的正常交互十分麻烦,而CORS(跨域资源共享)则解决了这个问题。这是一个由一系列传输的 HTTP 头组成的系统,这些 HTTP 头用于确定阻止还是接受从该资源所在域外的另一个域的网页上发起的对受限资源的请求。CORS 允许 Web 应用服务器进行跨域访问控制,从而使跨域数据传输得以安全进行。

而在 Spring Boot 中已经提供了开启 CORS 的方式,代码如下:

```
//第 7 章/sayHello.java
@RestController
public class testController {
@GetMapping("/sayHello")
@CrossOrigin(originPatterns = "*", allowCredentials = "true")
public String sayHello(){
        System.out.println("hello");
        return "hello";
}
    }
```

其中 originPatterns 代表支持的源,这里的 * 代表支持所有;而 allowCredentials 代表允许跨域的请求头信息,默认为"*",表示允许所有的请求头,CORS 默认支持的请求头为Cache-Control、Content-Language、Expires、Last-Modified、Pragma。

经过上述修改之后再重新启动服务器端,并在 uni-app 中触发 getHello 请求,在配置的跨域支持之后可以看到日志输出,代表请求被成功发送,如图 7-24 所示。

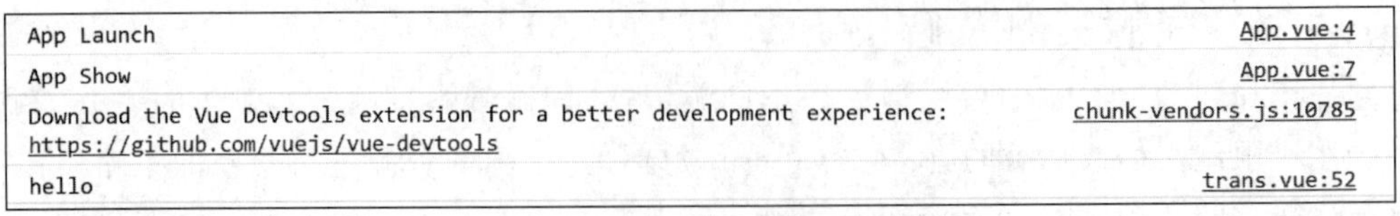

App Launch	App.vue:4
App Show	App.vue:7
Download the Vue Devtools extension for a better development experience: https://github.com/vuejs/vue-devtools	chunk-vendors.js:10785
hello	trans.vue:52

图 7-24　配置跨域共享后请求成功

2. 使用代理

同样地,使用代理访问也可以规避同源策略的限制,所谓代理就是通过一个中间人获取数据并将结果发送给请求方。通常可以借助专业的代理服务器软件(例如 Nginx)达到此目的,而在 uni-app 中可以使用 Vue.js 为开发者封装好了具有代理功能的组件。

与 Vue.js 文件中配置的代理有所不同,uni-app 直接将该配置集成在 manifest.json 的配置文件中,其具体的配置方法如图 7-25 所示。

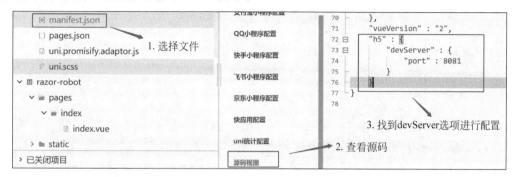

图 7-25　uni-app 配置代理

首先通过修改 Spring Boot 项目的 application.properties 文件的配置,使其运行在 5000 端口下,其修改后的代码如下:

```
server.port = 5000
```

之后再到 uni-app 项目中修改 h5 配置,代码如下:

```
"h5": {
    "devServer": {
     //配置为服务器地址
    "proxy": "http://localhost:5000"
    }
}
```

现在 uni-app 项目运行在 http://localhost:8080 上,代理服务器也运行在 http://localhost:8080 上,uni-app 发送的请求会通过代理服务器转发到 http://localhost:5000 上,而代理服务器和 Spring Boot 服务器之间没有同源策略的限制(只有浏览器和服务器之间通信才有),所以代理服务器能够获取结果并将结果返给 uni-app 应用,由此可知,当前 uni-app 的请求会被发送给代理服务器,其发送请求的代码如下:

```
//第 7 章/getHello2.vue
< script >
    export default {
        data() {
            return {

            }
        },
        methods: {
            getHello(){
                uni.request({
                    url: 'http://localhost:8080/sayHello',
                    data:{
```

```
                    getMessage:'message'
                },
                success: (res) => {
                    console.log(res.data);
                    this.getMessage = 'request success';
                }
            })
        }
    },
    onLoad() {
        this.getHello()
    },
}
</script>
```

除了上述配置方法外还可以通过配置不同的路由前缀来指定多个代理,其具体的代码如下:

```
//第 7 章/manifest.json
    "h5": {
        "devServer": {
            "proxy": {
                "/api": {
                    "target": "http://localhost:5000"
                },
                "/other": {
                    "target": "http://localhost:5001"
                }

            }

        }
}
```

添加前缀后,对应 uni-app 发送给代理服务器的路径也要相应地添加前缀,以"/api"为例,对应 uni-app 发送的请求 url 需要修改为以下代码:

```
url: 'http://localhost:8080/api/sayHello'
```

并且对应 Spring Boot 应用的路径也要在请求路径下添加"/api"前缀,否则控制台会打印404 错误信息,如图 7-26 所示。

❌ ▶ GET http://localhost:8080/api/sayHello?getMessage=message 404 (Not Found)

图 7-26   404 错误

显然这样处理既要修改客户端,还要修改服务器端,非常烦琐,所以在 uni-app 还可以通过添加 pathRewrite 属性来重写实际发送的请求路径,代码如下:

```
//第 7 章/manifest.json
"h5": {
```

```
        "devServer": {
                "proxy": {
                        "/api": {
                                "target": "http://localhost:5000",
                                "pathRewrite": {
                                        "^/api": "/"
                                }
                        }
                }

        }
}
```

这里的 pathRewrite："^/api":"/"代表将原来的 http://localhost:8080/api/sayHello 路径中的"/api"替换为空字符串,所以其最终的请求路径为 http://localhost:8080 /sayHello,添加这个配置之后就无须修改客户端和服务器端的逻辑了,从而完成了多代理配置。

7.4　本章小结

本章首先对软件架构的前后端分离与不分离的设计进行了对比介绍,并由此对 MVC 架构风格→MVP 架构风格→MVVM 架构风格的逐级演进进行了简要说明,之后开始介绍如何使用 Spring Boot 快速搭建服务器端,并在对 Spring Boot 应用及 uni-app 应用进行联调时介绍了浏览器的同源策略的限制问题及其对应的资源共享、代理访问的解决方案,相信读者通过本章内容已经对软件架构设计及 Spring Boot 服务器端的构建有了基本的认识,第 8 章将继续完善服务器端的功能并借助云服务的能力来快速完成文本翻译及图片风格化的服务能力,并以此介绍 uni-app 中的 picker 组件的使用方式及相关文件上传/下载的 API 的使用方法。

第8章

使用云服务

第 7 章已经完成了 Spring Boot 应用与 uni-app 应用之间的通信。本章将介绍如何在 Spring Boot 中集成云服务能力并实现案例项目中文本翻译功能。

8.1 完善文本翻译功能

在开始集成云服务之前,首先来介绍云服务的发展历史及其存在形式。

云服务可以称为云计算服务,它是继客户端使用服务器端能力这种传统模式下的一种重大转变,而云计算(Cloud Computing)作为众多 IT 服务的集合,其底层需要众多关键技术的支撑,而且云计算现在仍然在不断发展,新的技术被产品化、服务化后被融入其中,从而扩展了云服务的范围与边界,而其中的关键技术有以下几点。

1. 虚拟化技术

虚拟化就是通过软件与硬件解耦,实现资源池化与弹性扩展。主流的虚拟化技术有 KVM、Xen、VMware、Hyper-V 等。除了软件虚拟化,还有硬件辅助虚拟化(ADM-V),通过引入新的指令和运行模式来解决软件无法实现完全虚拟化的问题,进一步提升虚拟化的性能与处理能力。

2. 分布式技术

分布式就是把同一个任务分布到多个网络互联的物理节点上并发执行,最后汇总结果。分布式系统的扩展性、性能、容量、吞吐量等可以随着节点的增加而线性增长,非常适合云计算这种大规模的系统。在云上应用的主要有分布式存储、分布式数据库、分布式缓存、分布式消息队列等。

3. SDN 与 NFV

SDN 实现的是软件定义网络,其核心是将网络的控制面(网络策略)和转发面(数据流向)分离;NFV 实现的是网络功能虚拟化,将以往需要由专用且昂贵的设备提供的网络功能(例如负载均衡与防火墙)通过软件和普通的 x86 服务器实现。云计算的网络功能都关联到私有网络 VPC 上,VPC 是通过网络隧道协议(GRE 和 VXLAN)实现逻辑隔离的虚拟网络。GRE 封装在主机上,而 VXLAN 封装在交换机上,所以阿里云、腾讯云 VPC 使用 GRE 隧道封装,在 IP 数据包中增加 GRE 报头(里面是 VPCID)实现多租户或不同虚拟网络之间的隔离,而华为云 VPC 使用 VXLAN 隧道封装。

4. 云原生技术

容器、微服务和 DevOps 号称云原生三驾马车,是实现技术中台的重要组件。容器是轻量秒级部署的虚拟化技术,主要理念就是一次封装,到处运行。通过 Linux 命名空间、Cgroups 与 rootfs 构建进程隔离环境,将应用软件及其运行所依赖的资源与配置打包封装,提供独立可移植的应用运行环境。Docker 是当前最火的容器引擎,Kubernetes 负责容器编排与集群管理。微服务架构是对 SOA 的升华,将应用解耦成更加轻量化、独立自治、敏捷开发、部署与治理、可通过 HTTP 方式访问的服务。微服务可以基于虚拟机、容器或 Serverless 函数来部署使用。开源的微服务框架主要有 Dubbo、Spring Cloud。新推出的 Service Mesh 通过 Sidecar 智能代理方式让不同应用可以不用修改代码即可接入微服务平台,被称为微服务 2.0。DevOps 就是敏捷开发运维,通过持续集成与持续部署 CICD 等自动化工具与流程,打通应用开发、测试、发布、运维的各个环节,以大幅提升系统效率与可靠性。

5. 云安全技术

云环境由于规模巨大,组件复杂,用户众多,由于其潜在攻击面较大、发起攻击的成本很低、受攻击后的影响巨大,所以云安全形势还是非常严峻的,涉及主机安全、网络安全、应用安全、业务安全、数据安全等,各厂商在相关领域都有比较成熟的产品和技术。2019 年刚生效的等保 2.0 对云安全提出了全面详细且体系化的要求和指导,目前已经成为一个条必须满足的合规要求,金融政府等重要企业单位的 IT 系统都要求达到等保三级以上。其重点就是一个中心(安全管理中心)三重防护(计算环境安全、通信网络安全、区域边界安全)。

6. 人工智能与大数据

互联网的未来就是在云端通过人工智能处理大数据,可见大数据和人工智能的关系很密切。如果大数据是原油,人工智能就是高端的开采和炼油技术,两者结合才会发挥巨大的效用。大数据具有 4V 特征:Volume(数据量大)、Value(价值密度低)、Velocity(产生速度快)、Variety(数据类型多)。大数据的收集、传输、存储与处理对系统要求比较高,需要专门的组件支持,例如 HBase、HDFS、Spark 等。人工智能有 5 大关键要素:大数据、算法、计算力、边界清晰和应用场景。海量的大数据是根本,然后通过机器学习、智能模拟等算法对数据进行加工处理,需要使用 GPU、TPU、FPGA 提供强大的计算力;主要的限制在于机器只能对边界相对清晰的事务进行学习和判断,同时找到合适的应用场景才能更好地发挥价值,如语音处理、图像识别、智能驾驶等。

总之云服务的出现意味着计算能力也可以作为一种商品进行流通,就像煤气、水电一样,取用方便,费用低廉。最大的不同在于,它是通过互联网进行传输的。

常见的云服务有公共云(Public Cloud)与私有云(Private Cloud)两种。公共云是最基础的服务,多个客户可共享一个服务提供商的系统资源,他们无须架设任何设备及配备管理人员,便可享有专业的 IT 服务。

公共云还可细分为 3 个类别,包括软件即服务(Software-as-a-Service,SaaS)、平台即服务(Platform-as-a-Service,PaaS)及基础设施即服务(Infrastructure-as-a-Service,IaaS)。

1. IaaS:基础设施即服务

基础设施即服务:消费者通过云服务商可以从完善的计算机基础设施获得服务。

2．SaaS：软件即服务

软件即服务：它是一种通过 Internet 提供软件的模式，用户无须购买软件，而是向提供商租用基于 Web 的软件，以此来管理企业的经营活动。

3．PaaS：软件即服务

平台即服务：PaaS 实际上是指将软件研发的平台作为一种服务，以 SaaS 的模式提交给用户，因此，PaaS 也是 SaaS 模式的一种应用，但是，PaaS 的出现可以加快 SaaS 的发展，尤其是加快 SaaS 应用的开发速度。

此外，近年由于竞争激烈，就算大型企业也关注成本问题，因而也需要云服务。虽然公共云服务提供商需遵守行业法规，但是大企业（如金融、保险行业）为了兼顾行业、客户私隐，不可能将重要数据存放到公共网络上，故倾向于架设私有云端网络，而这类服务就被称为私有云。

8.1.1　Spring Boot 集成翻译云服务

首先打开百度云智能服务 https://cloud.baidu.com/，在该页面上方的导航栏中搜索文本翻译便可以查询出相关服务，该搜索页面如图 8-1 所示。

图 8-1　百度智能云服务首页

输入搜索内容，单击搜索之后会跳转到相应的服务页面，单击"立即使用"按钮，如图 8-2 所示。

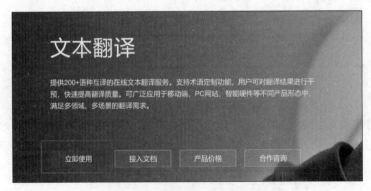

图 8-2　百度智能云服务文本翻译

之后在弹出的页面中单击"领取免费资源"按钮，申请好账号后即可领取一定额度的免费云服务资源，领取成功后可以在个人中心的应用列表中看到服务的使用情况，如图 8-3 所示。

API	状态	请求地址	调用量限制	QPS限制	收起 ∧
文本翻译-通用版	● 待开通付费	https://aip.baidubce.com/rpc/2.0/mt/texttrans/v1	总量1000万字符赠送（已用189字符）	100	

图 8-3　申请百度云服务免费资源

服务开通后可以在该页面左侧选择"API 在线调试"选项,如图 8-4 所示。

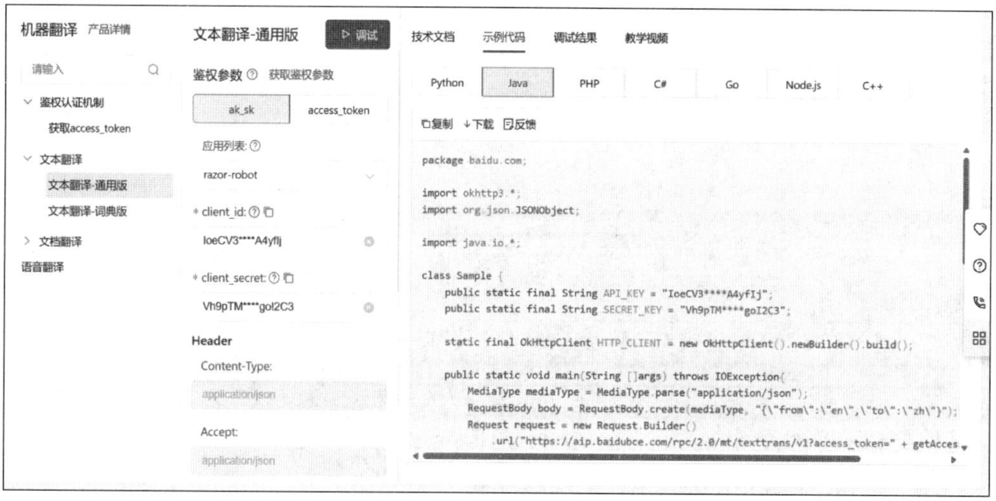

图 8-4 云服务在线调试

官方提供的技术文档和示例代码非常详细,首先根据账号申请到的 client_id 和 client_secret 参数调用鉴权认证服务以获取 access_token,之后使用这个 access_token 并传入对应的参数就可以调用相应的服务了,以下为 Spring Boot 集成文本翻译的代码:

```java
        //第 8 章/BDOpenAIController.java
        //在 controller 层定义方法入口
        @PostMapping("/razor/trans")
        @CrossOrigin(originPatterns = "*", allowCredentials = "true")
public String trans(@RequestBody TransModel transModel) {
//获取 access_token
String accessTokenObject = BDTransOpenAIUtils.getAccessToken();
JSONObject jsonObject = JSONUtil.parseObj(accessTokenObject);
//
String accessToken = "";
if (jsonObject.get("access_token") != null) {
        //将 token 放入请求头
accessToken = jsonObject.getStr("access_token");
}
        //调用云服务方法
    String transFrom = BDTransOpenAIUtils.transFrom(accessToken, transModel);
    return transFrom;
    }
```

再依据提供的文档到 service 层中编写获取 access_token 的方法和文本翻译方法,代码如下:

```java
//第 8 章/BDOpenAIController.java
public static String transFrom(String accessToken, TransModel transModel){
    try {
        String to = transModel.getTo();
```

```
            String from = transModel.getFrom();
            String trans_to = trans(to);
            String trans_from = trans(from);
            transModel.setTo(trans_to);
            transModel.setFrom(trans_from);
            MediaType mediaType = MediaType.parse("application/json");
            RequestBody body = RequestBody.create(mediaType,
    "{\"from\":\"" + transModel.getFrom() + "\",\"to\":\"" + transModel.getTo() + "\",\"q\":\"" +
    transModel.getQ() + "\"}");
            Request request = new Request.Builder()
                    .url("https://aip.baidubce.com/rpc/2.0/mt/texttrans/v1?access_token = " +
    accessToken)
                    .method("POST", body)
                    .addHeader("Content - Type", "application/json")
                    .addHeader("Accept", "application/json")
                    .build();
            Response response = HTTP_CLIENT.newCall(request).execute();
            return response.body().string();
        } catch (IOException e) {
            e.printStackTrace();
            log.error("百度云服务调用失败 error{}", e.getMessage());
            return "";
        }
    }
```

8.1.2 uni-app 数据缓存

3min

8.1.1节获取了服务器端返回的结果,那么结果如何在 uni-app 中进行缓存呢? 对此 uni-app 提供了同步和异步的方法来缓存数据,所谓同步和异步的主要差异在于同步方法需要等待代码执行的结果,获得结果后才进行下一步操作,而异步则不需要等待,该结果可以通过对应的回调函数待代码执行完成之后获取,两种方法的具体说明如下。

1. uni.setStorage(OBJECT)

该方法将数据存储在本地缓存指定的 key 中,并且会覆盖原来该 key 对应的内容,这是一个异步接口。该方法的参数说明见表 8-1。

表 8-1　uni.setStorage 参数说明

参　　数	类　　型	是否必填	说　　明
key	String	是	本地缓存中指定的 key
data	Any	是	需要存储的内容,只支持原生类型及能够通过 JSON.stringify 序列化的对象
success	Function	否	接口调用成功的回调函数
fail	Function	否	接口调用失败的回调函数
complete	Function	否	接口调用结束的回调函数(调用成功、失败都会执行)

2. uni.setStorageSync(KEY,DATA)

该方法将 data 存储在本地缓存指定的 key 中,并且会覆盖原来该 key 对应的内容,这是一个同步接口。该方法的参数说明见表 8-2。

表 8-2 **uni.setStorageSync 参数说明**

参　数	类　型	是否必填	说　明
key	String	是	本地缓存中指定的 key
data	Any	是	需要存储的内容,只支持原生类型及能够通过 JSON.stringify 序列化的对象

相应地,可以使用 uni.getStorage(OBJECT)和 uni.getStorageSync(KEY)获取对应的结果。在 uni-app 侧对应发送请求并将结果缓存的代码如下:

```
//第 8 章/index.vue
uni.request({
    //服务器端请求地址
    url: 'http://127.0.0.1:8080/razor/trans',
    method: 'POST',
    data: {
        //原目标语言种类
        from: this.sourceTypeSelected,
        //目标语言种类
        to: this.destTypeSelected,
        //待翻译的文本内容
        q: this.transText,
    },
    success: (res) => {
        uni.hideLoading()
        if (res.statusCode == 200) {
            console.log(res)
            console.log(res.data.result.trans_result[0].dst)
            //将翻译出的结果存放到本地内存中
uni.setStorageSync("trans", res.data.result.trans_result[0].dst)
            setTimeout(() => {
                uni.reLaunch({
                    url: '/pages/index/trans'
                })
            }, 1000)
        } else {
            uni.hideLoading()
        }
    },
    fail() {
        uni.hideLoading()
    }
})
```

8.1.3　picker 组件实现下拉列表选择

其中的 sourceTypeSelected(原目标语言种类)和 destTypeSelected(目标语言种类)需要在页面中编写为下拉选择框的形式,而 uni-app 中已经提供了对应的组件,代码如下:

▷2min

```
//第 8 章/index.vue
//定义取值范围
```

```
data{
    sourceTypeArray: ['中文', '英文', '日语', '韩语', '法语', '西班牙语', '阿拉伯语', '俄语', '葡
萄牙语'],
    destTypeArray: ['中文', '英文', '日语', '韩语', '法语', '西班牙语', '阿拉伯语', '俄语', '葡萄
牙语']
}
//编写对应的下拉选择框
< picker @change = "sourceTypeChange" : range = "sourceTypeArray">
        < label class = "" style = "color: green;">源语言(单击选择):
        {{sourceTypeSelected}}</label>
    </picker>
< text decode >{{hh}}</text >
< picker @change = "destTypeChange" : range = "destTypeArray">
        < label class = "" style = "color: green;">目标语言(单击选择):
        {{destTypeSelected}}</label>
</picker >
```

其中,picker 组件根据 mode 取值的不同会被分为以下几种,它们分别是:①mode 取值为 selector 时为普通选择器;②mode 取值为 multiSelector 时为多列选择器;③mode 取值为 time 时为时间选择器;④mode 取值为 date 时为日期选择器;⑤mode 取值为 region 时为省市区选择器,而在案例项目中使用的是普通选择器,其具体属性说明见表 8-3。

表 8-3 普通选择器属性说明

属性名	类 型	说 明
range	二维 Array 或二维 Array < Object >	当 mode 为 selector 或 multiSelector 时,range 有效
range-key	String	当 range 是一个 Array < Object >时,通过 range-key 来指定 Object 中 key 的值作为选择器显示内容
value	Number	value 的值表示选择了 range 中的第几个(下标从 0 开始)
selector-type	String	当屏幕为大屏时的 UI 类型,支持 picker、select、auto,默认在 iPad 以 picker 样式展示而在 PC 以 select 样式展示
disabled	Boolean	是否禁用
@change	EventHandle	当 value 改变时触发 change 事件,event.detail = {value: value}
@cancel	EventHandle	当取消选择或点遮罩层收起 picker 时触发

该 picker 组件的下拉列表效果如图 8-5 所示。

现在通过客户端调用编写好的服务,并将原目标语言种类 sourceTypeSelected 设置为中文,将目标语言种类 destTypeSelected 设置为英文,并输入待翻译的文本内容 transText,其值为"你好,世界。",在浏览器中运行后可以看到函数返回值,如图 8-6 所示。

图 8-5 picker 组件实现语言选择下拉列表

```
▼ data:
    log_id: 1677203151274910000
  ▼ result:
      from: "zh"
        to: "en"
    ▼ trans_result: Array(1)
      ▼ 0:
          dst: "Hello World."
          src: "你好,世界。"
```

图 8-6　获取服务翻译结果

8.2　完善图片风格转化功能

和集成文本翻译的功能步骤类似,选择"API 在线调试"选项,在弹出的新页面中选择图像增强与特效就可以看到如图 8-7 所示的接口文档。

图 8-7　图像处理接口文档

8.2.1　Spring Boot 集成图片风格迁移云服务

同样地,可将该服务集成到 Spring Boot 应用中,代码如下:

1min

```java
//第 8 章/BDOpenAIController.java
//controller 层代码,定义图片风格迁移风格代码入口
@PostMapping("/razor/stylization")
@CrossOrigin(originPatterns = "*", allowCredentials = "true")
public String stylization(@RequestBody ImgStyleModel imgStyleModel) {
String accessTokenObject = BDImgStyleOpenAIUtils.getAccessToken();
JSONObject jsonObject = JSONUtil.parseObj(accessTokenObject);
        String accessToken = "";
if (jsonObject.get("access_token") != null) {
        accessToken = jsonObject.getStr("access_token");
}
String transFrom = BDImgStyleOpenAIUtils.stylization(accessToken,
        imgStyleModel);
return transFrom;
    }
```

再到 service 层封装图片风格迁移云服务,代码如下:

```java
//第 8 章/BDImgStyleOpenAIUtils.java
//service 层代码,集成图片风格迁移功能
public static String stylization(String accessToken, ImgStyleModel imgStyleModel) {
try {
    String option = imgStyleModel.getOption();
    String trans_option = trans(option);
    String trans_filePath = fileStoragePath(imgStyleModel.getUrl());
    String encode = Base64.encode(new File(trans_filePath));
    System.out.println(accessToken);
    MediaType mediaType = MediaType.parse("application/x-www-form-urlencoded");
    Map<String, String> params = new LinkedHashMap<>();
    params.put("option", trans_option);
    params.put("image", encode);
    //
    FormBody.Builder builder = new FormBody.Builder();
    Param[] paramsArr = map2Params(params);
    for (Param param : paramsArr) {
        builder.add(param.key, param.value).build();
    }
    RequestBody body = builder.build();
    Request request = new Request.Builder()
                .url("https://aip.baidubce.com/rest/2.0/image-process/v1/style_trans?access_token=" + accessToken)
            .method("POST", body)
            .addHeader("Content-Type", "application/x-www-form-urlencoded")
            .addHeader("Accept", "application/json")
            .build();
    Response response = HTTP_CLIENT.newCall(request).execute();
    String string = response.body().string();
    JSONObject result = JSONUtil.parseObj(string);
    if (result.containsKey("image")) {
        Object image = result.get("image");
        File tempFile = new File("");
        String[] split = imgStyleModel.getUrl().split("\\.");
        String realName = split[0];
        String format = split[1];
        String newName = Base64.encode(realName) + "." + format;
        String destFilePath = tempFile.getCanonicalPath() + File.separator + "style" +
File.separator + System.currentTimeMillis() + File.separator + newName;
        System.out.println(destFilePath);
        Base64.decodeToFile(image.toString(), new File(destFilePath));
        return image.toString();
    }
    return "";
} catch (IOException e) {
    log.error("调用百度云服务失败 error{}", e.getMessage());
    e.printStackTrace();
    return "";
}
}
```

2min

8.2.2 uni.chooseFile 与 uni.uploadFile

为了实现图片风格迁移功能,现在需要在 uni-app 客户端实现文件选择和文件上传功能。这里可以使用 uni.chooseMessageFile(OBJECT)实现从本地选择文件功能,其具体参数及说明见表 8-4。

表 8-4 uni.chooseFile(OBJECT)参数说明

参 数	类 型	是否必填	说 明
count	Number	否	最多可以选择的文件数量,默认值为 100
type	String	否	所选的文件类型(all 代表所有、video 代表视频、image 代表图片)
extension	Array < String >	否	根据文件拓展名过滤,每项都不能是空字符串。默认不过滤
sourceType	Array < string >	否	(仅在 type 为 image 或 video 时可用)album 从相册选图,camera 使用相机,默认二者都有。如需直接开相机或直接选相册,则应只使用一个选项
success	Function	是	如果成功,则返回图片的本地文件路径列表 tempFilePath
fail	Function	否	接口调用失败的回调函数
complete	Function	否	接口调用结束的回调函数(调用成功、失败都会执行)

success 返回参数说明见表 8-5。

表 8-5 success 返回参数说明

参 数	类 型	说 明
tempFilePaths	Array < String >	文件的本地文件路径列表
tempFiles	Array < Object >、Array < File >	文件的本地文件列表,每项是一个 File 对象

File 对象的参数说明见表 8-6。

表 8-6 File 对象参数说明

参 数	类 型	说 明
path	String	本地文件路径
size	Number	本地文件大小,单位：B
name	String	包含扩展名的文件名称,仅 H5 支持
type	String	文件类型,仅 H5 支持

图片上传功能的具体实现,代码如下:

```
//第 8 章/index.vue
uni.chooseFile({
    count: 1,
    extension: ['.jpg', '.png', '.jpeg'],
    type: 'image',
    success: (res) => {
            console.log(res);
            uni.uploadFile({
```

```
                        //图片上传服务
                });
        },
        fail(err) {
                //没有权限或取消
                console.log(err)
        }
})
```

当触发该方法时，在 Web 端会自动打开当前系统的文件夹，如图 8-8 所示。

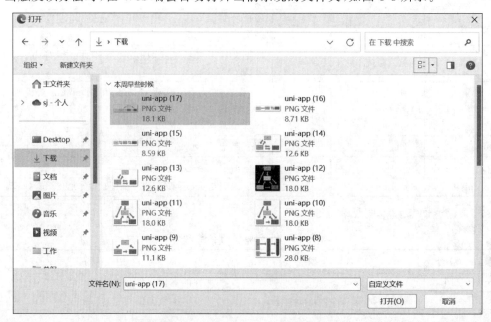

图 8-8　使用 uni.chooseFile 选择文件

选择成功后就可以获取当前文件的信息了，获取文件信息之后就可以对文件进行上传操作了，代码如下：

```
//第 8 章/trans.vue
uni.uploadFile({
    //需要自己实现一张图片上传的服务
    url: 'http://127.0.0.1:8080/razor/uploadFile',
    filePath: res.tempFiles[0].path,
    name: 'file',
    success: (res) => {
            if (res.statusCode == 200) {
                    const resdata = JSON.parse(res.data);
                    console.log(resdata.fileSrc);
            this.fileName = resdata.realName + "." + resdata.format;
            }
    }
});
```

相应地,需要在服务器端实现文件持久化的逻辑,代码如下:

```java
//第 8 章/ FileService.java
//对上传文件进行重命名以解决编码问题
String newName = Base64.encode(realName) + "." + format;
//上传到目标地址
String destFilePath = tmpFile.getCanonicalPath() + File.separator + "files" + File.
separator + newName;
//判断父目录是否存在,如果不存在就创建
if (!FileUtil.exist(destFilePath)) {
FileUtil.touch(destFilePath);
    }
//将上传文件写入目标地址
FileUtil.writeBytes(file.getBytes(), destFilePath);
```

上传成功后客户端先获取文件路径,再去调用云服务方法以完成图片风格迁移,最终返回 Base64 编码,代码如下:

```javascript
//获取 Base64 编码的图片格式
this.answer = 'data:image/png;base64,' + uni.getStorageSync('stylization')
```

自此文本翻译功能及图片转移风格功能已经全部实现,在第 9 章中将会为读者介绍如何使用 OpenAPI 来扩展服务器端的能力并完成案例项目的智能聊天机器人功能。

8.3 本章小结

本章重点介绍了云服务的基本概念并以百度云智能服务为例实现了案例项目中的文本翻译功能和图片风格迁移功能,相信读者在阅读完本章之后也能按照需求在自己的项目中集成云服务功能。当然快速获取服务能力的方式不止这一种,第 9 章将继续完善案例项目的功能并借助 OpenAPI 的方式来完成智能聊天机器人功能。

第 9 章

使用 OpenAPI

本章将通过集成 OpenAPI 获取 ChatGPT 的服务能力,并通过集成 ChatGPT 介绍如何使用 GitHub 来提高研发效率。

9.1 申请 ChatGPT 服务

在开始集成 ChatGPT 服务之前首先来简要介绍什么是 OpenAPI 服务。OpenAPI 即开放 API。网站的服务商将其所提供的服务按照一定的规范封装为一系列 API 供开发者使用。

OpenAPI 发展至今已经成为一种全球公认的对于 HTTP API 的声明实践。它以 Swagger 的名字诞生,并于 2015 年由 Smartbear 公司捐献给了 Open Initiative 组织。Linux 基金会、亚马逊和许多其他 IT 巨头支持这一举措。有了众多厂商巨头的支持,OpenAPI 在 API 开发和安全方面是完全值得信任的。OpenAPI 允许开发者在处理各种协议、接口和生态系统时解决一些常规的 API 开发障碍,有效地提高了生产效率。

聊天生成型预训练变换模型(Chat Generative Pre-trained Transformer,ChatGPT)作为人工智能实验室 OpenAI 研发的通用聊天机器人,作为目前功能最为强大的智能机器人,其也开放了对应的 OpenAPI 服务,该服务允许用户免费使用,不限量地向开发者开放。用户与 ChatGPT 之间的对话互动包括普通聊天、信息咨询、撰写诗词作文、修改代码等。你能想出的问题,ChatGPT 都能做出还不错的回答。

首先打开 https://chat.openai.com/auth/login 链接单击 Sign up 按钮开始注册,其注册页面如图 9-1 所示(国内互联网环境需要使用代理访问)。具体的代理访问方法需要读者自行阅读相关文章,这里不进行介绍。

单击页面的 Sign up 按钮进行注册,之后会出现如图 9-2 的页面。

注册账号需要国外邮箱和国外手机号进行验证,邮箱建议使用 gmail 邮箱,国外手机号可以通过 https://sms-activate.org/cn/进行申请,在网页右侧的选项框中找到 OpenAI 进行响应购买,如图 9-3 所示。

在完成手机验证之后重新登录 ChatGPT 可以看到如图 9-4 所示的页面,代表注册成功。

登录已注册的账号可以在主页的左边选项栏中查看 Billing→Overview 选项,如图 9-5 所示。

图 9-1　ChatGPT 首页

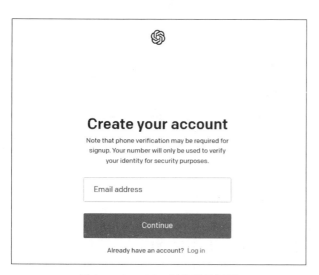

图 9-2　ChatGPT 创建账号页面

图 9-3　虚拟手机号购买页

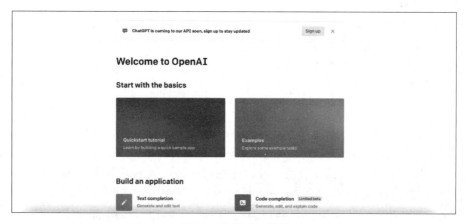

图 9-4　注册成功页面

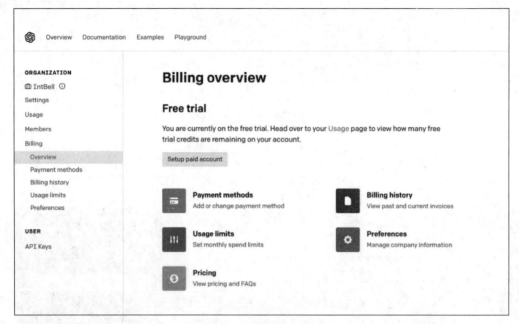

图 9-5　使用账户登录页

当前的免费账号有一定的额度,可供开发者进行使用,如果想要有更好的用户体验,则可以选择性地购买对应的套餐。如果读者不能通过代理访问这些网站,则可以尝试使用国内的一些 ChatGPT 服务提供商,其效果也是一样的。

9.2　通过开源项目集成 ChatGPT 服务

在获取了 API Keys 之后相当于得到了调用 ChatGPT 的能力,现在可以通过 API Keys 获取 ChatGPT 的服务,集成方式可以根据官方的接口文档进行集成,不过这里介绍另外一种方法:使用开源的程序项目进行集成工作。

9.2.1　GitHub 简介

已经写好的代码从何而来呢? 答案是从 GitHub 上获取。GitHub 是一个基于 Git 版本控制的代码托管和分享平台,是世界上最大的开源社区,其开放的代码库已经超过了 28 亿行代码。GitHub 的用户可以在平台上创建自己的仓库,存储、共享、协作开发代码。无论是个人开发,还是企业级协作,GitHub 都是一个完美的解决方案。

而正是 GitHub 的这种特性使其与开源社区有着千丝万缕的关系。在很长一段时间,项目的源代码是公司的财产,与商业秘密有关,是封闭的、不可公开的。后来开始有人在互联网上分享自己写的代码,互相讨论,逐渐形成了一种特殊的虚拟社区。社区成员大部分是职业的程序员或编程爱好者,他们根据相应的开源软件许可证协议公布软件源代码,分享源代码,自由地进行学习交流,而 GitHub 的出现,极大地推进了开源社区的发展。在 GitHub 上,开发者可以随意地下载各种流行的开源项目和开源开发框架。例如客户端的 Vue.js、uni-app 等框架还有服务器端的 Spring Boot 等框架。

相比于传统的代码托管和版本控制工具（例如 Subversion），GitHub 的最大特点就是其开源、协作、社交的特性。GitHub 的开源性意味着用户可以获取更多的高质量代码，并且可以基于现有代码进行再创作和改进。GitHub 的协作特性可以帮助开发者更高效地协作，解决版本冲突等问题，从而提高工作效率。

所以对于个人用户而言使用 GitHub 并参与开源项目的好处不少：

（1）获取最新最热门最实用的开源组件，并且可考虑将该解决方案运用于开发公司项目。

（2）获取最流行的与技术框架相关的源代码，通过阅读源码学习其中的原理和镀层实现将有助于在实际工作中写出质量更高的代码。

（3）通过创建或参与开源项目，可以有效地提升自己的编程能力，并打造个人名片。

另外，作为初学者有可能自己水平不够，不愿意自己创建新的开源项目，觉得代码写得不好还给别人看很丢脸。其实这样想大可不必。开源社区的出发点本来就是交流学习。只要你坚持提交代码，不断提升自己的水平，很快就可以在个人简历中填上你的 GitHub 主页地址，告诉别人你是一个有实力的人。

9.2.2 在 HBuilder X 中使用 Git

▶ 5min

那么现在开始尝试提交第 1 个 GitHub 项目。首先打开浏览器，在网址栏输入 GitHub 的官方网址 https://github.com。因为网站服务器架设在国外，所以国内访问可能会有延时，如果一时打不开就等一会或者多试几次，其主页如图 9-6 所示。

图 9-6 GitHub 首页

单击主页上方的 Sign up 按钮，输入邮箱地址（email）、登录密码（password）、用户名（username）后，单击 Sign up for GitHub 按钮完成申请。账号申请成功后，在填写的邮箱中会收到一封验证邮件，单击验证链接就可以了，这个注册页面如图 9-7 所示。

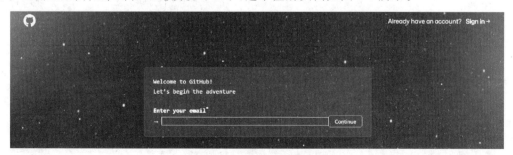

图 9-7 GitHub 新用户注册

有了自己的账号之后就可以开始使用 GitHub 了。首先来到登录首页,单击左上方的 New 按钮创建自己的第 1 个项目,该创建页面如图 9-8 所示。

图 9-8　创建第 1 个 GitHub 项目

在创建项目页面中输入对应的项目名字,在项目是否公开处选择 Public,输入项目描述之后单击 Create repository 按钮即可创建出项目,新建项目的页面如图 9-9 所示。

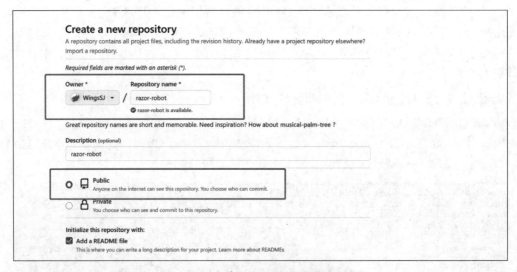

图 9-9　填写 GitHub 项目信息

成功后就可以看到该项目的介绍页面了,它会默认展示 README. md 中的内容,如图 9-10 所示。

图 9-10　GitHub 项目首页

之后单击 Code 按钮就可以获取该项目的 Git 地址了，该地址的链接信息如图 9-11 所示。

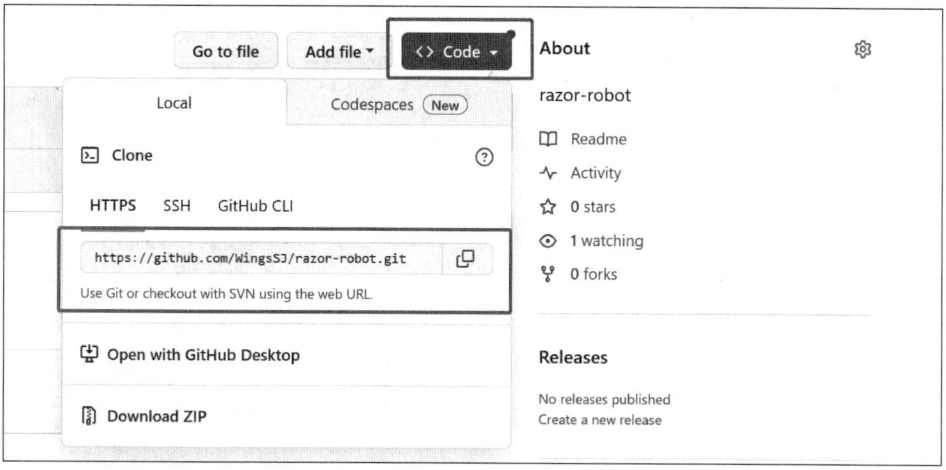

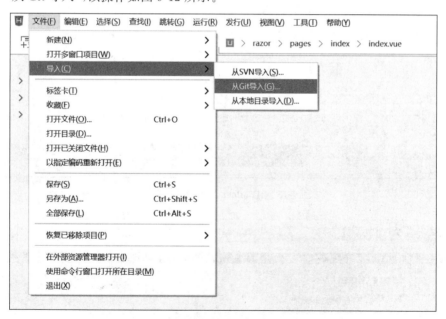

图 9-11　项目 Git 地址

获取项目的 URL 之后，可以通过该 URL 网址在 HBuilder X 中导入该项目，选择"文件"→"导入"→"从 Git 导入"，该操作如图 9-12 所示。

图 9-12　HBuilder X 导入 Git 项目

如果没有安装插件，则会出现安装 Git 插件提示，在选择 HBuilder X 菜单栏中"工具"→"安装插件"后找到 Git 插件并进行安装，如图 9-13 所示。

该插件依赖于 TortoiseGit 软件进行操作，所以在安装完插件之后还需要安装 TortoiseGit 软件，该软件的官方下载网址为 https://gitforwindows.org/，选择好对应版本后进行下载，该软件的下载页面如图 9-14 所示。

图 9-13　HBuilder X 安装 Git 插件

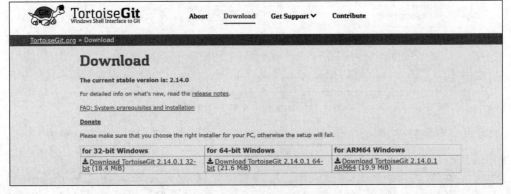

图 9-14　安装 TortoiseGit 软件

由于 TortoiseGit 软件依赖于 Git 软件进行操作，所以在完成 TortoiseGit 的安装后还需要下载 Git 软件，其下载网址为 https://gitforwindows.org/，单击 Download 按钮进行下载，依据引导完成安装操作即可，如图 9-15 所示。

图 9-15　安装 Git 软件

在安装好软件之后再进行导入操作，此时会出现如图 9-16 所示的项目导入页面。

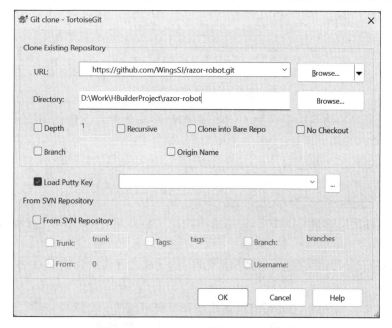

图 9-16　HBuilder X 导入 GitHub 项目

确认好项目的 Git 地址和本地的存储路径之后单击 OK 按钮即可完成项目的导出操作。右击导出的项目。选择 Git 选项，此时会出现对应的 Git 操作选择，如图 9-17 所示。

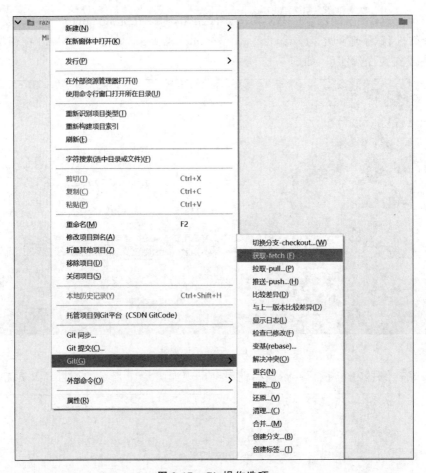

图 9-17 Git 操作选项

现在以项目提交为例来简要介绍 Git 的常用操作,首先修改 README. md 文件中的内容,修改后的文件内容如下:

```
# razor - robot
razor - robot
第 1 次提交
```

修改完该文件之后选择 Git 提交,注意第 1 次提交会出现对应 Git 账号的配置界面,该页面如图 9-18 所示。

直接填写 GitHub 上对应的账号名和密码即可,完成之后会出现提交信息页面,该页面如图 9-19 所示。

输入提交信息之后单击 Commit 按钮,此时会出现对应的 3 个选项,如图 9-20 所示。

其中 Commit 代表提交到本地,ReCommit 代表重新提交,而 Commit&Push 代表提交并推送到线上仓库,这里选择 Commit&Push 选项,单击之后会出现授权页面,单击 Authorize git-ecosystem 选项即可完成授权操作,如图 9-21 所示。

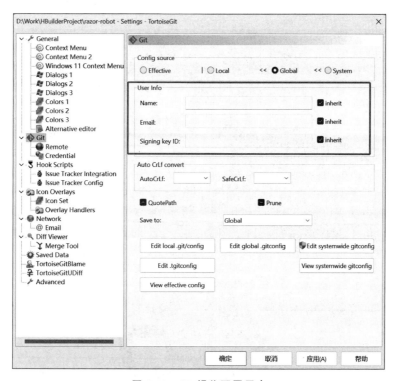

图 9-18 Git 操作配置用户

图 9-19 Git 提交操作

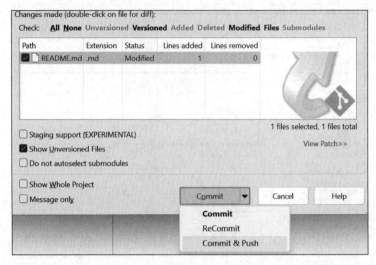

图 9-20　Commit 的 3 个选项

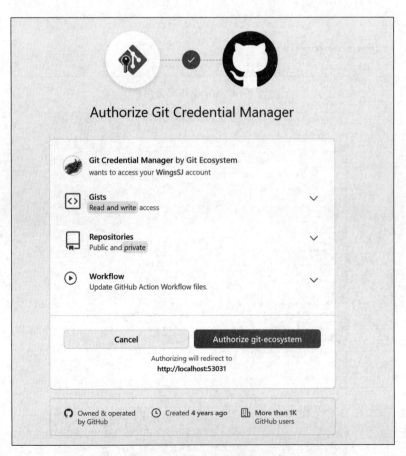

图 9-21　GitHub 账号授权 Git

授权成功后会完成推送操作,回到GitHub,通过此项目的地址可以查看此次的提交记录,如图9-22所示。

图 9-22 GitHub 提交记录

当然Git的操作指令非常丰富,这里只进行简要介绍,更多的内容可以参考官方文档,其网址为https://git-scm.com/doc。

9.2.3 服务器端集成ChatGPT

接下来介绍如何在GitHub中找到需要使用的组件,这里可以在主页搜索框中搜索ChatGPT和Spring Boot(或者Java)这两个关键字来快速找到已经封装好的组件,如图9-23所示。

5min

图 9-23 GitHub 搜索结果页

选择一个stars数量较高的开源项目(stars数量高说明使用人数多,会更加可靠),单击进入其中的某个项目可以看到该项目具体的代码和使用说明,开发者只需在pom.xml文件中导入相关的依赖,并依赖该函数库中封装好的函数,依据文档编写代码完成配置就可以完成功能开发工作,如图9-24所示。

之后按照文档示例集成到Spring Boot项目中,这样便可以完成功能的开发,代码如下:

```
//第9章/ChatGptService.java
//首先导入 pom.xml 文件
//直接使用封装好的方法
Proxy proxy = Proxys.http("127.0.0.1", 1081);
//socks5 代理
//Proxy proxy = Proxys.socks5("127.0.0.1", 1080);
ChatGPT chatGPT = ChatGPT.builder()
    .apiKey("申请的 APIkey")
    .proxy(proxy)
    .apiHost("https://api.openai.com/") //反向代理地址
    .build()
    .init();
String res = chatGPT.chat("你想聊的内容");
System.out.println(res);
```

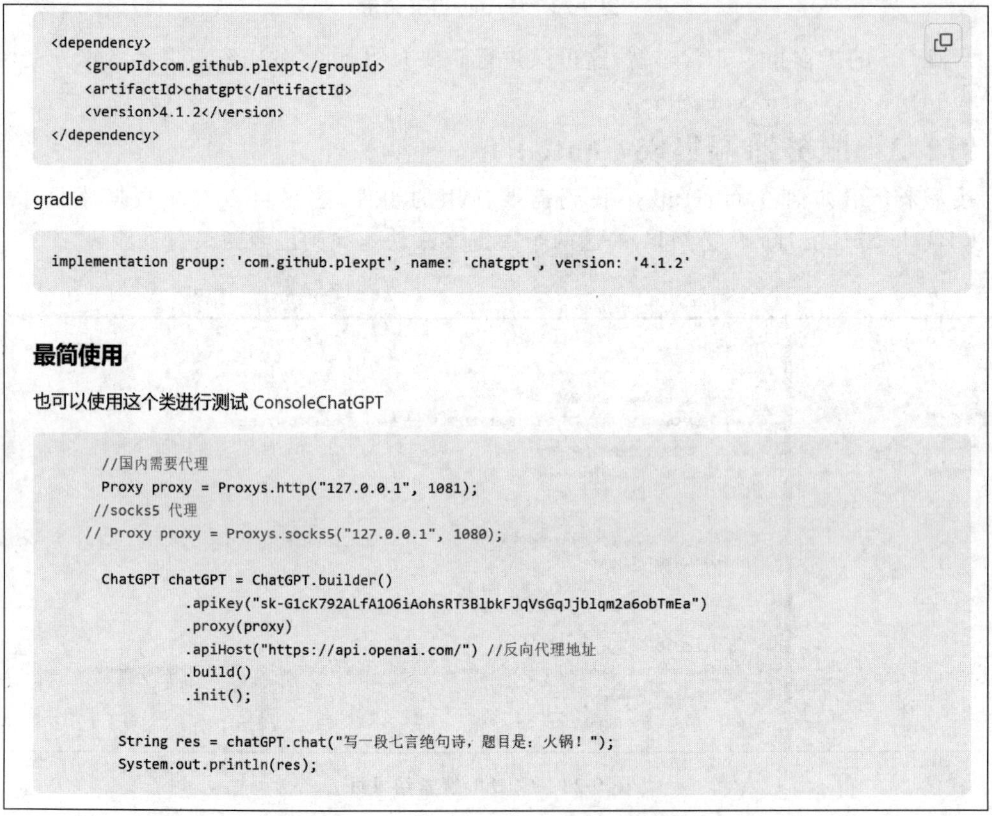

```xml
<dependency>
    <groupId>com.github.plexpt</groupId>
    <artifactId>chatgpt</artifactId>
    <version>4.1.2</version>
</dependency>
```

gradle

```
implementation group: 'com.github.plexpt', name: 'chatgpt', version: '4.1.2'
```

最简使用

也可以使用这个类进行测试 ConsoleChatGPT

```
//国内需要代理
Proxy proxy = Proxys.http("127.0.0.1", 1081);
//socks5 代理
// Proxy proxy = Proxys.socks5("127.0.0.1", 1080);

ChatGPT chatGPT = ChatGPT.builder()
        .apiKey("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")
        .proxy(proxy)
        .apiHost("https://api.openai.com/") //反向代理地址
        .build()
        .init();

String res = chatGPT.chat("写一段七言绝句诗, 题目是: 火锅! ");
System.out.println(res);
```

图 9-24　GitHub 上 ChatGPT 文档使用说明

　　对比阅读官方文档提供的调用方式,这种方式显然会极大地提高开发效率,例如在上述案例中已经为开发者封装好了 ChatGPT 的服务接口及代理访问的方法,开发者只需写几行代码并配置好 APItoken 便可以完成功能的开发工作。当然这种方式并不一定适用于任何场景,开发者需要根据实际情况进行扩展或者再封装。

9.3 uni-app 客户端对应页面完善

和案例项目中翻译文本的页面结构类似,ChatGPT 的页面返回可以进行设计复用,需要注意的是由于调用的是外网的服务,所以服务可能有些不稳定,这样便需要对服务调用成功或者失败的情况分开进行处理。

9.3.1 uni-app 依据 HTTP 状态码处理返回结果

在 uni-app 中开发者可以依据返回的 HTTP 状态码或者服务调用的成功与否进行处理。以下是常见的 HTTP 状态码:

(1) 200 代表请求成功。

(2) 301 代表资源(网页等)被永久转移到其他 URL。

(3) 404 代表请求的资源(网页等)不存在。

(4) 500 代表内部服务器错误。

HTTP 的状态码由 3 个十进制数字组成,第 1 个十进制数字定义了状态码的类型。响应分为 5 类:信息响应(100~199)、成功响应(200~299)、重定向(300~399)、客户端错误(400~499)和服务器错误(500~599),其 HTTP 状态码分类见表 9-1。

表 9-1 HTTP 状态码

分　　类	分　类　描　述
1**	信息,服务器收到请求,需要请求者继续执行操作
2**	成功,操作被成功接收并处理
3**	重定向,需要进一步操作以完成请求
4**	客户端错误,请求包含语法错误或无法完成请求
5**	服务器错误,服务器在处理请求的过程中发生了错误

而在项目开发的过程中常遇到的代码也可分为以下 3 种。

(1) 程序员最想看到的:200-OK,请求成功了

(2) 程序员不想看到的:500-Internal-Server-Error,服务器端服务调用失败。

(3) 用户不想看到的:401-Unauthorized(鉴权失败)、403-Forbidden(无权限访问)、408-Request-Time-out(请求超时)、404-not-found(不存在的 URL 网址)。

而在通常情况下开发者应该首先判断返回的 HTTP 状态码是否为 200,只有状态码为 200 才开始对返回结果进行处理,代码如下:

```
success(res) {
    uni.hideLoading()
    if (res.statusCode == 200) {
            //处理 res 的返回结果
        })
    }
},
```

9.3.2 uni-app 依据调用成功与否处理返回结果

uni-app 还可以依据服务调用是否成功对结果进行处理,基本上 uni.xxx 封装的方法会提

供调用失败时触发的回调函数,代码如下:

```
//第 9 章/callBack.vue
uni.request({
    url: '',
    method: 'POST',
    data: {

    },
    success(res) {
        //调用成功的回调函数
    },
    fail() {
        //调用失败的回调函数
    }
})
```

除此之外还可以使用 onError 来捕获全局异常的情况,在 app 的根组件上添加名为 onError 的回调函数即可,代码如下:

```
//第 9 章/callBack.vue
export default {
//只有 app 才会有 onLaunch 的生命周期
    onLaunch () {
        //...
    },
    //捕获 app error
    onError (err) {
        console.log(err)
    }
}
```

9.3.3 对应页面数据展示

2min

ChatGPT 结果显示页面和文本翻译显示页面的布局类似,其数据存储的方式也相同,代码如下:

```
//第 9 章/chat.vue
getAnswer() {
this.showAnswer = ''
    //声明一个变量,用来监听要分割的长度
        let answerlength = 0
    this.answer = uni.getStorageSync('answer')
    this.timer = setInterval(() => {
    //取 data.title 的第 answerlen 位
    this.showAnswer = 'razor - robot: \n' + this.answer.substr(0, answerlen);
    //如果 answerlen 大于 data.title 的长度,则停止计时
    if (answerlength < this.answer.length) {
        answerlen++
    } else {
        clearInterval(this.timer);
```

```
      }
    }, 10)
  }
```

9.4 本章小结

本章首先介绍了 OpenAPI 的基本概念及 ChatGPT 服务的申请方式,并介绍了如何通过开源项目快速地将 ChatGPT 的服务能力集成到 Spring Boot 项目中。相信各位读者已经了解了代理访问的基本概念并掌握了如何在项目中使用开源项目加快项目的研发。第 10 章将会为读者介绍另一种特殊的获取数据的方式:爬虫,并会介绍如何将爬虫的能力集成到 Spring Boot 中并完成热点数据的实时展示。

第 10 章

使 用 爬 虫

本章将作为服务器端能力构建的最后一章为读者介绍爬虫的相关知识点,以及在服务器端如何自建爬虫服务,如何通过爬虫服务获取目标网站的数据,以此来完成案例项目中最后一个功能,即获取实时热点信息进行展示,此外还将介绍 uni-app 客户端对于列表数据的处理方式及其涉及的相关指令。

10.1 认识爬虫

爬虫的起源可以追溯到互联网诞生的初期,那时候搜索引擎还没有诞生,想要找到特定的信息只能通过网站中的导航去寻找。为了对互联网上众多杂乱无章的网页内容进行统一检索处理,网络爬虫应运而生。它极大地减少了获取信息的成本又极大地提高了获取有效信息的速度。

10.1.1 爬虫的种类

爬虫的功能如同它的名字一样,就像自然界的蜘蛛一样用蛛网获取猎物,而对于爬虫程序而言它的猎物是互联网中的数据,而通常一个完整的爬虫网络数据处理流程如图 10-1 所示。

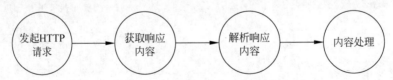

图 10-1　网络爬虫的基本数据处理流程

简单来讲爬虫程序有两个重要的行为,即抓取和解析入库。时至今日,网络爬虫所要实现的目标已经不只是获取数据了,经过长时间的演变,爬虫本身也发展出了具体的类型,其中有以下几种主要类型。

1. 通用爬虫

通用爬虫又称为全网爬虫,它将爬取对象从一些种子 URL 扩充到整个网络,主要用途是为门户站点搜索引擎和大型 Web 服务提供商采集数据,它们是一些搜索引擎抓取系统(Baidu、Google、Yahoo 等)的重要组成部分。主要目的是将互联网上的网页下载到本地,形成一个互联网内容的镜像备份。

2．聚焦爬虫

聚焦爬虫是一个自动下载网页的程序，它根据既定的抓取目标，有选择地访问万维网上的网页与相关的连接，获取所需要的信息。与通用爬虫不同，聚焦爬虫并不追求大覆盖，而将目标定位为抓取与某一特定主题内容相关的网页，为面向主题的用户查询准备数据资源。通常聚焦爬虫在实施网页抓取时会对内容进行筛选，尽量保证只抓取与需求相关的网页信息。

3．增量爬虫

增量爬虫，顾名思义，是指对已爬取的网页内容进行增量更新和只爬取新产生的或者已经发生变化的网页，它能够在一定程度上保证所爬取的页面是尽可能新的页面。由于不会重复爬取没有发生变化的页面，所以可以有效地减少数据爬取量，并且能够及时更新已爬取的网页，减少时间和空间上的消耗，但从另一方面讲，这种增量的方式会增加爬虫本身的复杂度。如果爬取的数据量较大且更新频繁就可以使用该类型的爬虫。

4．深层爬虫

有些页面的实际内容并不能通过静态链接获取，这些数据只有用户提交一些数据才能获得。例如用户登录后才能访问的页面，或者需要进行验证的网页，通常这类网页的实际内容展示需要触发动态 JavaScript 脚本，而深层爬虫的功能就是模拟这些提交表单、提交验证等操作行为，从而达到获取数据的目的。

10.1.2　爬虫的应用场景

爬虫强大的数据收集能力也让其拥有十分丰富的应用场景，具体有以下几点。

1．收集数据

爬虫可以用来收集数据，这是爬虫最基本的能力，由于爬虫是一种专为数据收集而诞生的程序，所以它收集数据的速度极快，分布式部署的爬虫可以在短时间内收集大量网络上的目标数据。

2．搜索引擎

类似 Baidu、Google 等搜索引擎其核心就是大型复杂的网络爬虫。它们每天的工作就是在各个网站中爬取数据，将它们保存下进行评估和审核，优质的内容会被收录并建立关键词索引，这样用户就可以在搜索引擎通过输入关键词找到该网站，而其中的快照就是爬虫网络在爬取过程中保存下来的页面。

3．广告过滤

在进行网页浏览时，总会看到很多广告信息，这时通过爬虫可以将广告信息保存下来，然后通过去除标签或过滤 URL 等方式来过滤掉这些广告。

4．模拟脚本

模拟脚本实际上就是在模拟用户的操作行为，将需要爬取的网页列表、需要填入的用户信息和验证码，以及需要动态单击、页面滚动、确认、验证码输入等行为通过代码封装成具有特定功能的程序。

10.2 编写爬虫

下面从目标网页分析开始来介绍如何在 Spring Boot 项目中编写一个简单的爬虫程序。这个过程涉及确定目标网页的 URL、对页面结构进行分析、对目标网页进行请求及对响应结果进行解析。

10.2.1 找到目标地址分析页面

首先要确定目标网址的地址信息,对于目标案例项目而言需要获取国内互联网的实时热点数据,所以其目标网址对应的就是百度热搜,其具体的网址为 https://top.baidu.com/board?tab=realtime,需要爬取的目标网页如图 10-2 所示。

图 10-2　需要爬取的目标网页

之后打开该网页的检查页面,单击 F12 键进入开发者页面,如图 10-3 所示。

图 10-3　检查目标网页页面元素

在控制台页面单击开发者页面左上角的"选择元素"箭头,之后让鼠标停留在页面上,控制台就会显示鼠标停留区域对应的 HTML 代码,这个操作如图 10-4 所示。

图 10-4　获取目标网页页面元素

继续单击这块代码内容,可以看到与该标题信息对应的页面元素如图 10-5 所示。

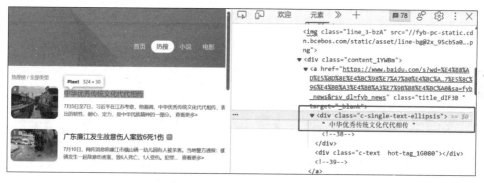

图 10-5　获取目标网页内容所对应的具体标签

10.2.2　Spring Boot 中编写爬虫

这里需要用到的网络请求的第三方库为 okhttp,这是一个非常流行的 HTTP 请求库。通过这个请求库可以轻松地获取网页的 HTML 信息。在 https://central. sonatype. com/网站可以搜索到该第三方库的最新版本,如图 10-6 所示。

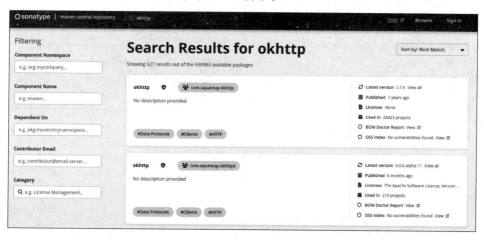

图 10-6　查询 okhttp 库 Maven 数据

之后单击该函数库,可以看到这个库对应的历史版本和对应的 Maven 地址,如图 10-7 所示。

图 10-7 获取 okhttp 库对应的 Maven 数据

首先在 Spring Boot 的 pom. xml 文件中导入这个库对应的坐标,代码如下:

```
< dependency >
< groupId > com. squareup. okhttp3 </ groupId >
< artifactId > okhttp </ artifactId >
< version > 3. 14. 9 </ version >
</ dependency >
```

等到相关的依赖下载完成之后就可以使用 okhttp 所提供的函数了,首先构建 Request 请求,代码如下:

```
//第 10 章/WebCrawlerService. java
Request request = new Request. Builder()
    .url("https://top. baidu. com/board?tab = realtime")
    .addHeader("Content - Type", "text/html; charset = utf - 8")
    .addHeader("Accept", "text/html, application/xhtml + xml, application/xml; q = 0. 9, image/
avif, image/webp, image/apng, * / * ; q = 0. 8, application/signed - exchange; v = b3; q = 0. 7")
    .addHeader("User - Agent","Mozilla/5. 0 (Windows NT 10. 0; Win64; x64) AppleWebKit/537. 36
(KHTML, like Gecko) Chrome/110. 0. 0. 0 Safari/537. 36")
    .get()
    .build();
```

这里 addHeader 中添加的信息是为了更好地模拟浏览器的请求,让这个爬虫程序在目标网站看来更像是普通的网页请求,从而规避网站的反爬虫策略。

下一步,还是按照爬虫的基本流程去构建应用,将请求传入 okhttp 中并获取网站响应信息,代码如下:

```
//第 10 章/WebCrawlerService. java
//创建 OkHttpClient 对象
static final OkHttpClient HTTP_CLIENT = new OkHttpClient(). newBuilder(). build();
```

```
//发送请求,并获取响应
Response response = HTTP_CLIENT.newCall(request).execute();
//从响应中获取 DOM 对象
Document parse = Jsoup.parse(response.body().string());
```

最后依据前面分析出的目标页面的结构去解析出想要的信息,代码如下:

```
//根据标签 class 获取对应的目标数据
    Elements elementsByClass = parse.getElementsByClass("c-single-text-ellipsis");
    Elements div = elementsByClass.select("div");
    //获取 Top 10 的数据
    StringBuilder result = new StringBuilder("");
    for(int index = 0;index < 10;index++){
        String text = div.get(index).text();
        //将最终结果拼接成字符串返回客户端
result.append(index + 1).append(".").append(text).append("\n");
    }
    //返回结果
    return result.toString();
```

对应的客户端发送请求的代码如下:

```
//第 10 章/index.vue
uni.request({
    url: 'http://127.0.0.1:10089/razor/crawler',
    method: 'GET',
    success: (res) => {
        uni.hideLoading()
        if (res.statusCode == 200) {
            console.log(res)
            uni.setStorageSync("hot", res.data)
            setTimeout(() => {
                uni.reLaunch({
                    url: '/pages/index/hot'
                })
            }, 1000)
        } else {
            uni.hideLoading()
        }
    },
    fail() {
        uni.hideLoading()
    }
})
```

最终结果的渲染页面如图 10-8 所示。

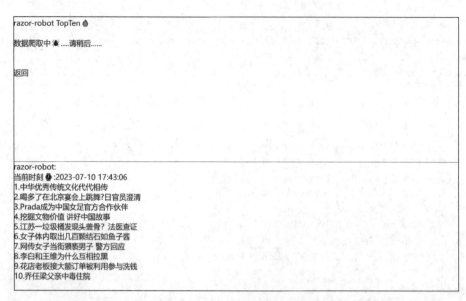

图 10-8 实时热点数据展示页面

10.2.3 爬虫的约定协议与反爬虫技术

所谓任何事物都有它的两面性,爬虫功能这么强大但是作为数据的爬取者并不是这些数据的所有者,而有的数据如果涉及个人隐私或者商业秘密等敏感信息,这些爬取的行为可能就侵犯了他人或者团体的权益了,所以就有了网络爬虫排除标准协议(Robots Exclusion Protocol),网站通过 Robots 协议告诉搜索引擎哪些页面可以抓取,哪些页面不能抓取。该协议是国际互联网界通行的道德规范,虽然没有写入法律,但是每个爬虫都应该遵守这项协议。例如访问 https://www.baidu.com/robots.txt 就可以查询到百度的爬虫协议,如图 10-9 所示。

```
User-agent: Baiduspider
Disallow: /baidu
Disallow: /s?
Disallow: /ulink?
Disallow: /link?
Disallow: /home/news/data/
Disallow: /bh
```

图 10-9 百度网站的爬虫协议

以 Allow 项开头的 URL 是允许 robot 访问的。例如 Allow:/article 允许爬虫引擎访问/article.html 等,而以 Disallow 项为开头的链接是不允许爬虫引擎访问的。例如 Disallow:/home/news/data 不允许爬虫程序访问/home/news/data/ * 等页面,所以按照约定是不能从百度上爬取百度新闻相关信息的。虽然有这些协议的约定,但是这种非强制性约定的束缚力是很有限的,不是每个爬虫程序都会按照协议规定去获取数据,于是就有了反爬虫技术。

有人的地方就有江湖,有爬虫的地方也是。爬虫与反爬技术是一场无休止之战,发起攻击的一方需要思考如何"锋利其矛",而防守一方则需要考虑如何"牢固其盾",爬虫程序对于服务器资源的无节制索取会导致大量流量涌入,从而提升了服务器的负载,过大的爬虫流量会影响服务的正常运转,从而造成收入损失,另一方面,一些核心数据的外泄,也会使数据拥有者失去竞争力,而一些反爬技术也层出不穷,常见的反爬虫手段主要包含文本混淆、页面动态渲染、验证码校验、请求签名校验、大数据风控、JavaScript混淆和蜜罐等。其具体说明如下。

1. CSS偏移

在编写网页时,网页的样式和布局需要用CSS来控制,正因如此,可以利用CSS来将浏览器中显示的文字在HTML中以乱序的方式存储,从而来限制爬虫。CSS偏移反爬虫就是一种利用CSS样式将乱序的文字排版成人类正常阅读顺序的反爬虫手段。例如在HTML中显示为"身份证号123654",而这段文字在浏览器中显示的却是"身份证号123456"。这里浏览器会显示正确的信息,但是当通过传统的爬虫手段获取DOM元素中的文字内容时得到的数据将会是不正确的,从而在一定程度上实现了反爬取的目的。

2. 图片替换

图片伪装反爬虫技术,它的本质就是用图片替换页面中的文本内容,从而让爬虫程序无法正常地获取具体的数据。这种反爬虫的原理十分简单,就是将原来为普通文本的内容在页面中用图片进行替换显示,以这种方式来加大爬虫程序爬取到正确数据的难度,从而达到反爬虫的目的。

3. 自定义字体

在CSS3中开发者可以使用@font-face为网页指定字体。开发者可将偏好的字体文件放在Web服务器上,并在CSS样式中使用它。用户使用浏览器访问Web应用时,对应的字体会被浏览器下载到用户的本地计算机上,但是爬虫程序由于没有相应的字体映射关系,如果直接进行爬取,则会因为没有映射关系而导致无法获取正确的数据。

4. 页面动态渲染

网页按渲染方式的不同,大体可以分为客户端和服务器端渲染,其中服务器端渲染的页面结果(内容和样式)是由服务器拼接过后返回的,其有效信息包含在请求的HTML页面里面,通过查看网页源代码可以直接查看数据等信息,而客户端渲染的页面其主要内容由JavaScript渲染而成,真实的数据是通过AJAX接口等形式获取的,其真实数据不会直接在网页上显示,当通过网页查看网页源代码时无法查看到有效的数据信息。

5. 使用验证码校验

绝大多数的应用程序在涉及用户信息安全的操作时会弹出验证码或进行人机识别,以确保该操作是正常的用户行为(人类行为),而不是爬虫之类的程序所为。在很多情况下,例如登录和注册,为了验证用户行为验证码非常常见,它的目的就是为了限制恶意注册、恶意爆破等行为,也算是反爬虫的一种手段。

如果网站遇到一些可疑的访问请求(例如访问频率过高),则会主动弹出一个验证码让用户识别并提交,验证当前访问网站的是不是真实的用户,从而限制一些机器的行为,达到反爬虫的目的,而常见的验证码形式包括图形验证码、行为验证码、短信、扫码验证码等。对于能否成功通过验证码,除了能够准确地根据验证码的要求完成相应的单击、选择、输入等操作,还有一类是通过验证码风控进行验证,例如滑块验证码,验证码风控可能会针对滑动轨迹进行检测,如果检测出轨迹非人为,就会判定为高风险,从而导致无法成功通过。

6. 请求签名算法校验

所谓签名验证是防止服务器将被篡改数据视为正常数据的有效方式之一,也是目前后端 API 最常用的防护方式之一。签名是一个根据数据源进行计算或者加密的过程,用户经过签名后会得到一个具有一致性和唯一性的字符串,它就是你访问服务器的身份象征,代表着这段信息确实是由用户发送的。由于签名的一致性和唯一性这两种特性,通过验证签名从而可以有效地避免服务器端将伪造的数据或被篡改的数据视为正常数据进行处理。

7. 蜜罐反爬虫

首先介绍什么是蜜罐技术。这种技术本质上是一种对攻击方进行欺骗的技术,通过布置一些作为诱饵的主机、网络服务或者信息,诱使攻击方对它们实施攻击,从而可以对攻击行为进行捕获和分析,而蜜罐反爬虫,例如在网页中隐藏用于检测爬虫程序的链接,被隐藏的链接不会显示在页面中,正常浏览页面的用户是无法访问的,但爬虫程序有可能会访问该链接并向链接发起请求,如果某个请求访问了这个链接,则这个发起请求的就很有可能是爬虫程序。通过对这些可疑的访问进一步地进行行为分析可以确认请求的发送方到底是正常用户还是爬虫程序,从而做出相应的处理。

10.3　本章小结

本章作为服务器端获取数据能力的扩展介绍了爬虫的基本概念、爬虫种类及爬虫程序的应用场景,并介绍了如何使用第三方库 okhttp 在 Spring Boot 项目中实现简单的网络爬虫。最后介绍了爬虫约定协议 Robots 还有一些反爬虫技术的应用。相信通过本章内容的介绍读者已经对爬虫程序的设计有了基本的认识。自此案例项目的服务器端功能已经构建完成,第 11 章将介绍如何申请云服务器及项目如何部署等相关操作,为项目上线做好准备。

项目上线篇

第 11 章

服务器端部署

在之前的章节中服务器端都是在本地计算机中启动并提供服务的,而项目上线需要将服务器端部署到真正的服务器上,所以本章首先将介绍如何申请云服务器及如何通过 mvn 命令和 IDEA 工具将服务器端代码打包,在进行云服务器部署时将介绍与之相关的 Linux 命令和 bash 脚本的编写。

11.1　申请云服务器

市面上有很多非常不错的云服务提供商,例如阿里云、腾讯云、百度云、华为云、天翼云等,这里以阿里云为例来介绍如何申请云服务资源。首先登录阿里云官网网址 https://www.aliyun.com/,在官网首页导航栏中单击产品,在出现的下拉列表中找到云服务器 ESC,如图 11-1 所示。

图 11-1　在阿里云首页选择云服务器

单击"云服务器 ESC"后,在弹出的页面中单击"立即购买"按钮,该购买页面如图 11-2 所示。

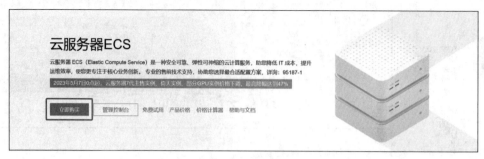

图 11-2　立即购买

在弹出的选择购买配置中选择自己实际需要的配置,如果仅供学习使用,则可以尝试获取免费试用资格(免费使用的要求和优惠政策每隔一段时间会略有不同,具体以官网信息为准)。该服务器购买页面如图 11-3 所示。

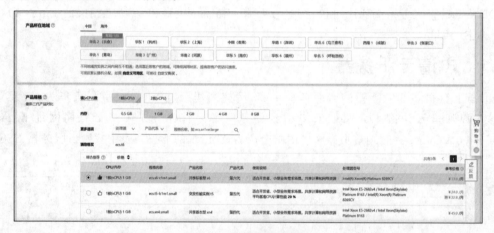

图 11-3　选择服务器配置

注意这里的操作系统默认为 Alibaba Cloud Linux,如图 11-4 所示。

图 11-4　选择服务器操作系统

还有一点需要注意的就是需要勾选公网 IP,该 IP 在后续的服务上线流程中需要使用,如图 11-5 所示。

图 11-5　勾选公网 IP

选择好服务器操作系统后单击"购买"按钮,购买成功后可以在云服务器概况中看到这个服务器的资源,如图 11-6 所示。

图 11-6 服务器资源概况

之后单击"远程连接"按钮就可以登录到这台服务器上并对其进行操作了。登录操作会要求输入用户名和密码进行连接,这里需要注意的是第 1 次登录的默认用户名为 root,而密码需要进行重置,具体重置的操作可参考官方文档 https://help.aliyun.com/document_detail/25439.html 进行操作。连接成功后可以看到如图 11-7 所示的控制台窗口。

图 11-7 连接成功后的控制台窗口

11.2 服务器端打包部署

在 IDEA 中可以很方便地对服务器端项目进行打包,打包的文件格式通常分为 JAR 包和 WAR 包,WAR 一般包含网页等静态资源,这里由于采用的是前后端分离的方式进行开发的,而在案例项目中服务器端只用于提供服务而不需要显示页面,所以这里打成 JAR 包即可。

11.2.1 通过 IDEA 打包

首先需要在项目的 pom.xml 文件中导入 Maven 插件,代码如下:

2min

```
//第 11 章/pom.xml
    <build>
<plugins>
<plugin>
<groupId>org.springframework.boot</groupId>
<artifactId>spring-boot-maven-plugin</artifactId>
</plugin>
</plugins>
    </build>
```

之后当单击 IDEA 右侧的 Maven 选项时会出现如图 11-8 所示的页面。

选择 Lifecycle→install 之后项目将会开始打包,打包完成之后在 IDEA 中的控制台可以看到 BUILD SUCCESS 的日志输出,其如图 11-9 所示。

在打包完成之后可以在 target 目录中看到对应的 JAR 包,如图 11-10 所示。

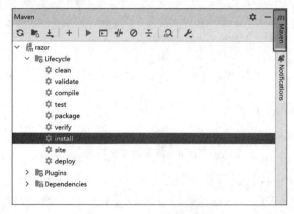

图 11-8 Maven 操作页面

图 11-9 Maven 打包日志输出

图 11-10 生成 JAR 包

11.2.2 部署到云服务器

5min

首先连接到云服务的线上服务器,之后在出现的控制台中输入 cd～命令来到 root 目录下,之后输入 mkdir/usr/app/命令创建出用于存放 JAR 文件的目录。之后单击"打开新文件管理"按钮并单击进入/usr/app 文件夹下,该操作过程如图 11-11 所示。

图 11-11 打开新文件管理

之后单击"上传文件"按钮,将打包好的 JAR 文件上传。同样地,为了能让 JAR 文件在 Linux 服务器上正常运行,Linux 上也需要安装 JDK 环境,而在 Alibaba Cloud Linux 系统中已经提供了对应的安装包,在控制台中输入 yum-y list java * 命令会出现如图 11-12 所示的安装文件列表。

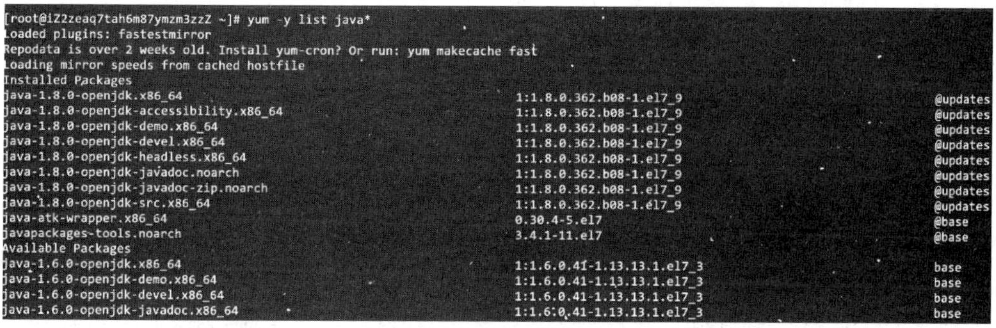

图 11-12　Java 安装包列表

之后在控制台中输入 yum install-y java-1.8.0-openjdk-devel. x86_64 命令就会自动开始安装对应的 JDK 环境。等待安装完成之后输入 java-version 命令,如果能查询出如图 11-13 所示的 JDK 的版本信息就代表 JDK 已经安装成功了。

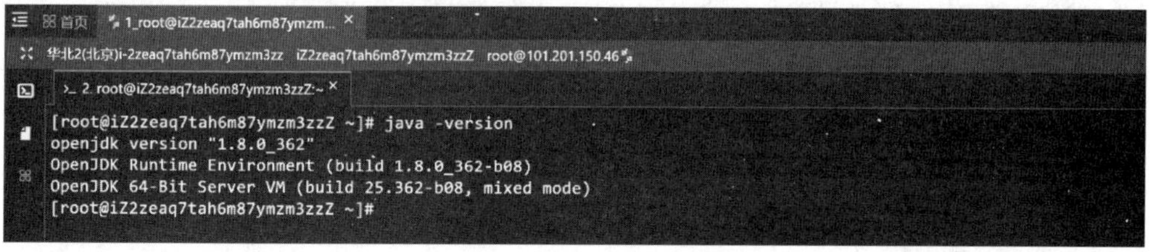

图 11-13　验证 JDK 环境

最后回到/usr/app 目录下输入命令 nohup java-jar razor-1.0.0. jar >> log. log 2 > & 1 & 即可在服务器上启动这个服务。该命令中的 nohup 代表后台挂起,java-jar 代表 JAR 包的运行指令,而最后的>> log. log 代表将文件运行的日志打印到 log. log 文件中。项目启动时的日志输出如图 11-14 所示。

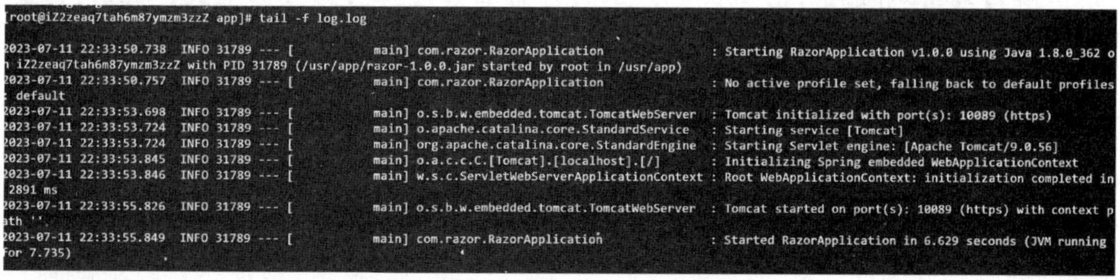

图 11-14　程序启动日志输出

通过 tail-flog. log 命令可以查看日志的具体输出,这里还可以通过查询 Java 进程的命令来查看这个进程是否启动成功,在控制台中输入 ps-ef | grep java * 命令来查询这个进程。其

查询结果如图 11-15 所示。

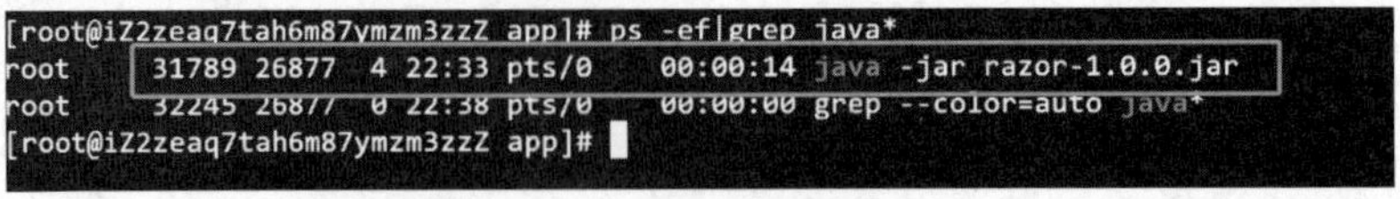

```
[root@iZ2zeaq7tah6m87ymzm3zzZ app]# ps -ef|grep java*
root     31789 26877  4 22:33 pts/0    00:00:14 java -jar razor-1.0.0.jar
root     32245 26877  0 22:38 pts/0    00:00:00 grep --color=auto java*
[root@iZ2zeaq7tah6m87ymzm3zzZ app]#
```

图 11-15　Java 程序进程号查询

11.2.3　编写自动化脚本

如果项目需要重新打包,则重新输入一遍指令会比较烦琐,所以可以将上述命令编写为 bash 脚本以,这样每次在重新操作时就可以直接执行脚本以简化操作。例如上述程序的启动脚本如下:

```
//第 11 章/start.sh
#!/bin/bash
nohup java - jar razor - 1.0.0.jar >> log.log 2 > &1 &
echohasstart
```

程序停止的脚本如下:

```
//第 11 章/stop.sh
#!/bin/bash
ID = `ps - ef | grep razor - 1.0.0.jar | grep - v grep | awk '{print $2}'`
echo $ID
for id in $ID
do
kill - 9 $id
echo "kill $id"
done
```

其中 razor-1.0.0.jar 为上传 JAR 文件的名字,按照实际打包的 JAR 文件名字拼写即可。

11.3　本章小结

本章主要介绍了如何申请云服务资源,之后通过 IDEA 工具将开发好的项目打成 JAR 包部署到 Linux 操作系统的云服务器,并在部署的过程中介绍了如何编写 bash 脚本来简化操作。第 12 章将介绍如何申请免费证书,以便将部署的 http 服务升级为 https 服务,以及与之相关的通信加密框架 SSL/TSL 的相关知识点。

第 12 章

项 目 上 线

作为本书的最后一章,本章将介绍如何申请免费证书,以便将 Spring Boot 的 http 服务升级为 https 服务,之后会为读者介绍域名与 IP 之间的关系,以及如何进行 DNS 配置及将项目发布到微信小程序平台所需要注意的一些要点。

12.1 从 HTTP 到 HTTPS

HTTP 指的是超文本传输协议。该协议是指计算机通信网络中两台计算机之间进行通信所必须共同遵守的规则。相当于计算机与计算机之间"交流"的语言,而 HTTPS 相当于 HTTP 的加强版,指的是超文本传输安全协议(Hypertext Transfer Protocol Secure),与 HTTP 所不同的是 HTTPS 在传输层会在通信双方建立起一个可靠的连接,用于数据交换并且它们之间交换的数据是被加密的。加密使用的协议是传输层安全(Transport Layer Security,TLS),其前身是安全套接层(Secure Socket Layer,SSL),而 SSL/TLS 是一种密码通信框架,它是世界上使用最广泛的密码通信方法。SSL/TLS 综合运用了密码学中的对称密码、消息认证码、公钥密码、数字签名、伪随机数生成器等,可以说是密码学中的集大成者。

由于本章将涉及较多的网络和密码学相关知识,所以在详细讲解之前首先介绍一些基本概念。

(1)握手:一般指通信的前置动作,即达成某种约定,例如 TCP 握手是要确定双端的接收、发送能力等,而 TLS 握手则是为了验证身份、交换信息,从而生成密钥,为后续加密通信做准备。

(2)公钥:通信双方都知道的密钥。

(3)私钥:只有自己知道的密钥。

(4)对称加密:也称私钥加密算法,其中加密、解密使用的是同一串密钥,常见的对称加密算法有 DES、AES 等。

(5)非对称加密:也称公钥加密算法,其中加密、解密使用不同的密钥,一把作为公开的公钥,另一把作为保密的私钥。公钥加密的信息,只有私钥才能解密。反之,私钥加密的信息,只有公钥才能解密。常见的非对称加密算法有 RSA、ECC 等,其中 RSA 算法由三位科学家的姓氏缩写组合得来,在计算机网络世界,一直是最广为使用的"非对称加密算法",而 ECC 算法是非对称加密里的"后起之秀",它基于"椭圆曲线离散对数"的数学难题,使用特定的曲线方程和基点生成公钥和私钥,子算法 ECDHE 用于密钥交换,ECDSA 用于数字签名。

(6)混合加密:在对称加密算法中只要持有密钥就可以解密。如果你和网站约定的密钥在传递的途中被黑客窃取,那就可以在之后随意解密收发的数据,通信过程也就没有机密性可言了。在非对称加密算法中,需要应用到复杂的数学运算,虽然保证了安全,但速度很慢,比对称加密算法差了好几个数量级,所以 TLS 里使用了"混合加密"的方式博采众长:在通信刚开始时使用非对称加密算法,解决密钥交换问题。后续全都使用对称加密进行通信。

(7)加密套件列表,加密套件列表一般由客户端发送,供服务器选择,由如图 12-1 所示的安全套件组成。

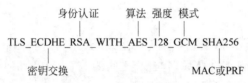

图 12-1 安全套件组成

图 12-1 的含义为在 TLS 握手过程中,使用 ECDHE 算法生成 pre_random。身份验证(签名)使用 RSA 算法。128 位的 AES 算法进行对称加密,在对称加密的过程中使用主流的GCM 分组模式,可以让算法用固定长度的密钥加密任意长度的明文。最后是用于数据完整性校验的哈希摘要算法,采用 SHA256 算法。

(8)数字证书:数字证书的作用是用来认证公钥持有者的身份的,以防止第三方进行冒充。说简单些,证书就是用来告诉客户端,该服务器端是否是合法的,因为只有证书合法,才代表服务器端身份是可信的。

(9)证书认证机构:数字证书来认证公钥持有者的身份(服务器端的身份),那证书又是怎么来的?又该怎么认证证书呢?为了使服务器端的公钥成为可被信任的公钥,所以服务器端的证书都由证书认证机构(Certificate Authority,CA)签名,CA 就是网络世界里的公安局、公证中心,具有极高的可信度,所以由它来给各个公钥签名,信任的一方所签发的证书必然也是被信任的。

12.1.1 SSL/TLS

SSL/TLS 作为一个安全通信加密框架,它的使用对象可以是 HTTP、FTP 或者 SMTP/POP3 等,该框架应用如图 12-2 所示。

HTTPS客户端	SFTP客户端
HTTP	FTP
SSL/TLS	

图 12-2 SSL/TLS 框架应用

而其中的 TLS 主要分为两层,在下层是 TLS 记录协议,主要负责使用对称密钥对消息进行加密,而在上层部分主要有握手协议、密码变更协议、警告协议和应用数据协议 4 部分,如图 12-3 所示。

握手协议	密码变更协议	警告协议	应用数据协议
TLS记录协议			

图 12-3 TLS 框架设计

而在 HTTPS 建立连接的过程，先进行 TCP 三次握手，再进行 TLS 四次握手。TCP 握手是要确定双端的接收、发送能力等，而 TLS 握手则是为了验证身份、交换信息，从而生成密钥，为后续加密通信做准备。一般情况下，因为 HTTPS 是基于 TCP 传输协议实现的，得先建立完可靠的 TCP 连接才能做 TLS 握手的事情，而其中，TCP 的第 1 次和第 2 次握手是不能携带数据的，而 TCP 的第 3 次握手是可以携带数据的，因为这时客户端的 TCP 连接状态已经是 ESTABLISHED，表明客户端这一方已经完成了 TCP 连接建立，如图 12-4 所示。

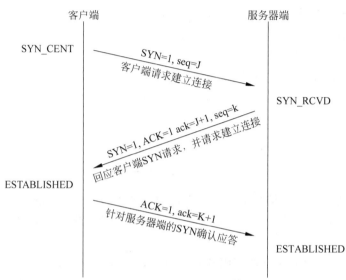

图 12-4　TCP 三次握手

第 1 次握手：首先客户端将 TCP 报文标志位 SYN 置为 1，随机生成一个序号值 seq=J，并将值保存在 TCP 首部的序列号（Sequence Number）字段里，指明客户端打算连接的服务器的端口，之后将该数据包发送给服务器端，发送完毕后，客户端进入 SYN_SENT 状态，等待服务器端确认。

第 2 次握手：服务器端收到数据包后通过标志位 SYN=1 得知客户端在请求建立连接，得到该请求后服务器端将 TCP 报文标志位 SYN 和 ACK 都置为 1，并且将序列号加 1 即 ack=J+1，之后也会随机生成一个序号值 seq=k，并将该数据包发送给客户端以确认连接请求，服务器端进入 SYN_RCVD 状态。

第 3 次握手：客户端收到确认后，首先回去检查 ack 是否为 J+1，ACK 是否为 1，如果正确，则将标志位 ACK 置为 1，将 ack 置为 K+1，并将该数据包发送给服务器端，服务器端检查 ack 是否为 K+1，ACK 是否为 1，如果正确，则连接建立成功，则客户端和服务器端都会进入 ESTABLISHED 状态，完成三次握手，随后客户端与服务器端之间就可以开始传输数据了。

在上述过程中小写的 ack 代表的是头部的确认号 Acknowledge Number，是对上一个包的序号进行确认的号，ack=seq+1，而大写的 ACK，则是我们上面说的 TCP 首部的标志位，用于标志的 TCP 包是否对上一个包进行了确认操作，如果确认了，则把 ACK 标志位设置成 1。

在完成了 TCP 三次握手之后就可以开始进行 TLS 四次握手了，而在 TLS 中按照演进方式又分为：RSA 握手、DH 握手、ECDHE 握手。

1. TLS(RSA)握手

TLS 第 1 次握手：首先客户端会发送 Client Hello 消息，跟服务器打招呼，其中主要携带客户端的 TLS 版本号(Version)、客户端支持的加密套件列表(Cipher Suites)、客户端生成的随机数(Client Random)。

TLS 第 2 次握手：服务器收到客户端的 Client Hello 消息后，首先回复 Server Hello 消息，其中主要包括服务器确认支持客户端的 TLS 版本、服务器从客户端发来的加密套件列表中选出一个最合适的加密组合(Cipher Suite)、服务器生成的随机数(Server Random)，而其中的 Cipher Suite 为安全密码套件，其基本形式为密钥交换算法(例如 ECDHE 算法)＋签名算法(例如 RSA)＋对称加密算法(例如 AES)＋摘要算法(例如 SHA256)，如图 12-5 所示。

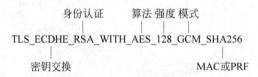

图 12-5　安全套件基本模式

随后，服务器为了证明身份会给客户端发送数字证书，即 Certificate 消息。最后，服务器端会将 Server Hello Done 消息发送给客户端，通知客户端第 2 次握手中服务器的所有消息都已发送完毕。

TLS 第 3 次握手：客户端在收到服务器返回的 Server Hello 和 Certificate 消息后会使用操作系统内置的 CA 机构的公钥对证书进行解密，如果解密成功，则可得到数据原文及摘要值 H1，然后客户端使用与 CA 机构相同的摘要算法(散列算法、SHA 或 MD5)对数据原文进行计算，从而得到摘要值 H2，之后比较 H1 与 H2 的值，若完全相同，则说明证书合法且未被其他人篡改，从而获得服务器的 RSA 公钥。之后客户端生成 TLS 握手过程中的第 3 个随机数：PreMaster，并用服务器的公钥对其加密，之后通过 Client Key Exchange 将消息发给服务器。接着，客户端使用它所拥有的 3 个随机数 Client Random、Server Random、PreMaster 生成对称加密的密钥 Master Secret。客户端通过发送 Change Cipher Spec 消息将 Master Secret 发送给服务器，并通知服务器开始使用对称加密的方式进行通信。在此之前的握手消息都是明文的，但只要出现了"Change Cipher Spec"消息，之后的握手消息就都是密文了。最后，客户端会发送 Encrypted Handshake Message 消息，将之前发送的所有数据做成摘要，使用 Master Secret 对称密钥加密(这条消息已经是对称加密的)，供服务器验证之前握手过程中的数据是否被其他人篡改。

TLS 第 4 次握手：服务器在收到客户端的 Client Key Exchange 消息后，使用 RSA 私钥对其解密，得到客户端生成的随机数 PreMaster，至此服务器也拥有了与客户端相同的 3 个随机数：Client Random、Server Random、PreMaster，服务器也使用这 3 个随机数计算对称密钥，将计算后的结果通过 Change Cipher Spec 消息返回客户端。之后服务器端通过 Encrypted Handshake Message 消息将之前握手过程中数据生成的摘要使用对称密钥加密后发给客户端，供客户端进行验证。至此 TLS 四次握手完毕。

2. TLS（DH）握手

使用 RSA 密钥协商算法的最大问题是不支持前向保密。因为客户端将随机数（用于生成对称加密密钥的条件之一）传递给服务器端时使用的是公钥加密的，服务器端收到后会用私钥解密得到随机数，所以一旦服务器端的私钥泄漏了，过去被第三方截获的所有 TLS 通信密文都会被破解。为了解决这一问题，于是就有了 DH 密钥协商算法。DH 密钥交换过程中即使第三方截获了 TLS 握手阶段传递的公钥，在不知道私钥的情况下也是无法计算出密钥的，而且每次对称加密密钥都是实时生成的，从而实现前向保密。DH 的密钥交换流程如图 12-6 所示。

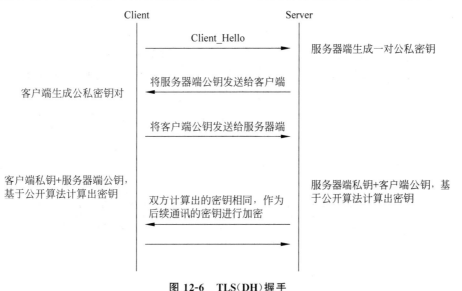

图 12-6 TLS（DH）握手

3. TLS（ECDHE）握手

因为 DH 算法的计算效率问题，后面出现了 ECDHE 密钥协商算法，而现在互联网上大多数网站使用的正是 ECDHE 密钥协商算法，而 RSA 和 ECDHE 握手过程的区别在于：

（1）RSA 密钥协商算法不支持前向保密，ECDHE 密钥协商算法支持前向保密。

（2）使用了 RSA 密钥协商算法，TLS 完成四次握手后才能进行应用数据传输，而对于 ECDHE 算法，客户端可以不用等服务器端的最后一次 TLS 握手，就可以提前发出加密的 HTTP 数据，节省了一条消息的往返时间。

（3）使用 ECDHE，在 TLS 第 2 次握手中会出现服务器端发出的 Server Key Exchange 消息，而 RSA 握手过程没有该消息。

12.1.2 DNS 解析配置

由于小程序客户端只支持使用域名访问服务器端，所以在申请证书之前还需要购买域名，阿里云提供了对应服务，起个自己喜欢的名字即可，这里就不再进行赘述，域名开通之后就可以进行配置域名及解析服务，阿里云为开发者提供了免费的 DNS 解析服务。首先搜索云解析，之后选择"域名解析"→"添加域名"，输入已经开通的域名地址，该操作页面如图 12-7 所示。

图 12-7　添加域名

首先,记录类型:选择 A 记录。主机记录:一般是指子域名的前缀(如需创建子域名为 www.xxx.com),主机记录输入 www;如需实现 dns-example.com,则主机记录输入 @ 。解析线路:选择默认(默认为必选项,如未设置,则会导致部分用户无法访问)。记录值:记录值为 IP 地址,填写 IPv4 地址。TTL:为缓存时间,数值越小,修改记录各地生效时间越快,默认为 10min。该配置如图 12-8 所示。

修改记录　　　　　　　　　　　　　　　　　　　　　　　　×

> 解析记录变更后,可能不会立即生效。因为各地网络运营商DNS存在缓存,在缓存未到期时,是不会向云解析 DNS 请求最新的解析记录,而是直接将之前缓存的解析结果返回给访问者,所以需要等待运营商刷新本地缓存后,解析才会实际生效。解析生效时间主要取决于运营商DNS缓存的解析记录的TTL到期时间,预计最快10~30分钟生效。如进行过DNS服务器名称修改,则一般需要24~48小时生效。了解更多

记录类型 ❷ 查看帮助文档

A- 将域名指向一个IPv4地址	⌄

主机记录 ❷

www	.codeplayer.fun ❓

解析请求来源

指域名访问者所在的地区和使用的运营商网络。　　　　　　　　　　❓

默认 - 必填! 未匹配到智能解析线路时,返回【默认】线路设置结果	⌄

升级至企业版DNS,支持按不同地区请求来源解析返回不同记录值。

＊记录值 ❷

10.1.1.1

A记录的记录值填写规则:
请填写 IPv4 地址,通常为服务器IP地址

10 分钟	⌄

升级至企业版DNS,TTL最小可设置为1秒。

图 12-8　添加 A 记录

这里作为单纯服务器端服务只需进行 A 记录的配置。如果是 Web 应用,则可能还需要配置 CNAME 记录,CNAME 的使用场景为,当需要将域名指向另一个域名,再由另一个域名提供 IP 地址时,就需要添加 CNAME 记录,最常用到 CNAME 的场景包括做 CDN、企业邮箱、全局流量管理等。设置方法为记录类型,选择 CNAME。主机记录一般是指子域名的前缀(如需创建子域名为 www. xxx. com 的解析,主机记录输入 www;如需实现 dns-example. com 的解析,主机记录输入"@")。解析线路:默认为必填项,否则会导致部分用户无法解析。记录值:记录值为 CNAME 指向的域名,只可以填写域名。同样地,TTL 为缓存时间,数值越小,修改记录各地生效时间越快,默认为 10min。

当然 DNS 解析还包括其他多种记录解析。具体的用法和配置可以参考该页面右上方的"如何设置解析",如图 12-9 所示。

图 12-9　DNS 解析配置帮助文档

配置完成之后可以单击"生效检测"按钮进行确认,如图 12-10 所示。

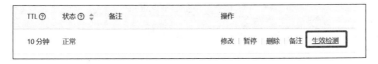

图 12-10　DNS 解析生效检测

在弹出的检验页面中,DNS 检测结果列表中"解析结果"与当前在解析配置中的记录值一致时,代表解析正常生效。如果解析变更未生效,则有可能是刚进行了解析记录变更,域名解析可能还未生效。因为各地运营商 LOCALDNS 存在 TTL 解析记录缓存,在 TTL 缓存未到期前会直接将本地缓存的解析结果返给访问者,解析缓存的更新时间取决于运营商 LOCALDNS 的 TTL 缓存到期时间。如果本次 DNS 检测的解析结果还未全局生效,则一般需等待 10～30min,或者等待 TTL 生效时间到期后再进行检测。单击下方每条检测结果中详情可查看 TTL 缓存时间。

12.2　Spring Boot 集成证书

12.1 节介绍了 https 的通信原理,本节将首先介绍如何申请证书并在 Spring Boot 项目中配置证书来完成 http 服务到 https 服务的升级。

▶1min

12.2.1　申请证书

数字证书一般用于服务器向浏览器证明自己的身份,毕竟密钥,甚至服务器域名都是可以伪造的。还有一个作用就是把公钥传给浏览器。证书本身是由权威、受信任的证书颁发机构(CA)授予的,而阿里云提供了免费的 SSL 证书可供开发者使用。首先进入阿里云官网,在首页选择"产品"→"安全"→"SSL 证书",之后可以看到如图 12-11 所示的页面。

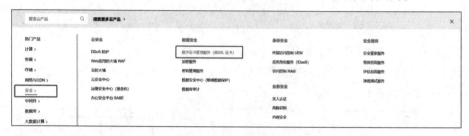

图 12-11　申请 SSL 证书

之后单击"选购 SSL 证书"按钮,如图 12-12 所示。

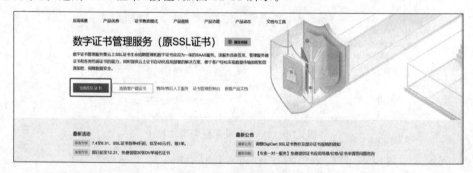

图 12-12　选购 SSL 证书

之后在出现的购买页面中单击"免费证书"按钮,如图 12-13 所示。

图 12-13　购买免费证书

购买完证书后,还需要创建证书,选择"控制台"→"SSL 证书"来到创建 SSL 证书页面,该页面如图 12-14 所示。

图 12-14 创建证书

单击"证书申请"按钮并输入需要绑定的域名,如图 12-15 所示。

图 12-15 证书绑定域名

填写完相关的配置信息后单击"下一步"按钮,再单击"DNS 验证"按钮,该证书就会进入审核阶段。因为是免费证书,整个签发过程都由系统自动完成,所以审核流程很快就会完成,之后在证书列表页面重新刷新一下页面就能看到证书状态变为了已签发的状态,如图 12-16 所示。

图 12-16 证书签发

3min

12.2.2 配置证书

SSL 证书申请成功后,还需要到对应的服务器上进行配置才能使用。不同框架开发的服务器端配置方法有所不同,详细的文档可以查看阿里巴巴官网提供的在线文档 https://help.aliyun.com/document_detail/109827.html # section-ril-ayr-evy,对应地,可以看到 Spring Boot 框架下如何进行证书的配置。首先下载 SSL 证书,登录数字证书管理服务控制台。在左侧导航栏,单击 SSL 证书。在 SSL 证书页面,定位到目标证书。在服务器类型为 JKS 的操作列,单击"下载"按钮,如图 12-17 所示。

常用工具: 查看证书 ⋮

请根据您的服务器类型选择证书下载:

服务器类型	证书格式		操作
Nginx	pem/key	帮助	下载
Tomcat	pfx	帮助	下载
Apache	crt/key	帮助	下载
IIS	pfx	帮助	下载
JKS	jks	帮助	下载
其他	pem/key		下载
根证书下载	crt/cer		查看文档

图 12-17 证书下载

下载下来的 ZIP 文件包含以下文件:①证书文件(JKS 格式):默认以证书 ID_证书绑定域名命名;②私钥文件(TXT 格式):证书文件的密码,默认名称为 jks-password,ZIP 包包含文件如图 12-18 所示。

📄 codeplayer.fun.jks	JKS 文件	4 KB	否	6 KB	38%
📄 jks-password	文本文档	1 KB	否	1 KB	0%

图 12-18 JKS 格式证书压缩包文件内容

将解压后的证书文件和私钥文件上传到 Spring Boot 项目的根目录 src/main/resources/下。配置 application.properties 或 application.yml 文件,代码如下:

```
//第 12 章/application.yml
server:
    ssl:
        key - store: classpath:9394818_codeplayer.fun.jks #需要使用实际的证书名称
        key - store - password: re8km7c6 #填写 pfx - password.txt 文件内的密码
        key - store - type: JKS
```

证书安装完成后,可通过访问证书的绑定域名验证该证书是否安装成功。

12.3　微信小程序发布上线

3min

在设置好了 https 的域名服务之后就可以开始将微信小程序上线了。首先访问微信公众平台 https://mp.weixin.qq.com/。单击小程序区域,如图 12-19 所示。

图 12-19　微信公众平台首页

单击查看详情之后会跳转到小程序注册页面,在此页面中输入对应的账号、邮箱等信息即可完成小程序的注册,如图 12-20 所示。

图 12-20　小程序注册页

申请成功后可以在小程序主页的设置选项中添加小程序的相关信息,还有用于线上配置的小程序 AppID,如图 12-21 所示。

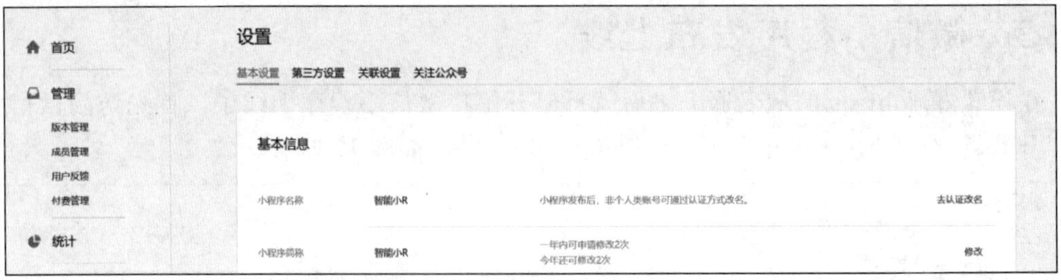
首页
管理
版本管理
成员管理
用户反馈
付费管理
统计
设置
基本设置 第三方设置 关联设置 关注公众号
基本信息
小程序名称
智能小R
小程序发布后，非个人类账号可通过认证方式改名。
去认证改名
小程序简称
智能小R
一年内可申请修改2次
今年还可修改2次
修改

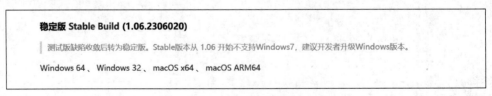

图 12-21　微信小程序配置

这里还需要特别注意的是要在开发选项中配置好域名服务器的白名单，小程序只允许使用在白名单中的域名服务，如图 12-22 所示。

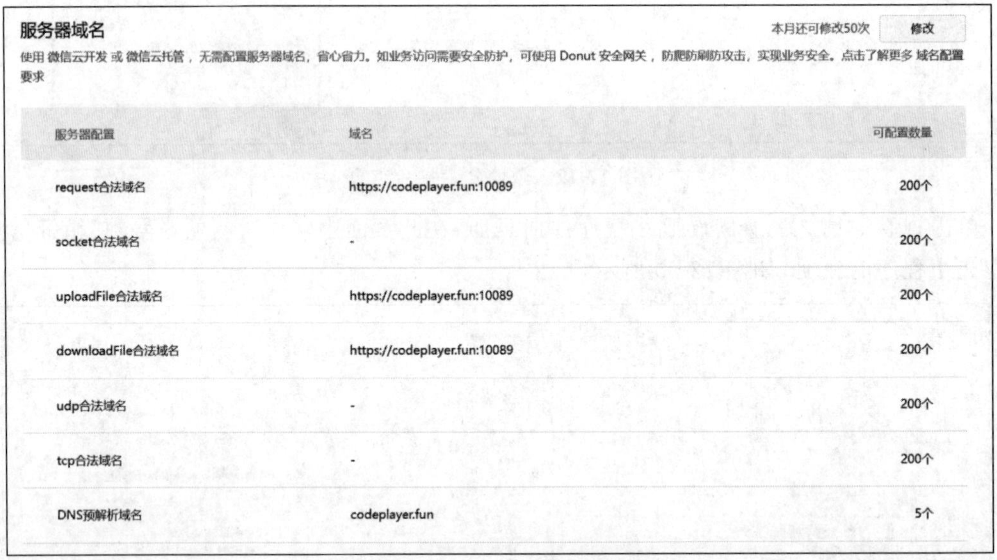
服务器域名
本月还可修改50次
修改
使用 微信云开发 或 微信云托管，无需配置服务器域名，省心省力。如业务访问需要安全防护，可使用 Donut 安全网关，防爬防刷防攻击，实现业务安全。点击了解更多 域名配置要求
服务器配置
域名
可配置数量
request合法域名
https://codeplayer.fun:10089
200个
socket合法域名
-
200个
uploadFile合法域名
https://codeplayer.fun:10089
200个
downloadFile合法域名
https://codeplayer.fun:10089
200个
udp合法域名
-
200个
tcp合法域名
-
200个
DNS预解析域名
codeplayer.fun
5个

图 12-22　配置域名服务器白名单

之后通过 HBuilder X 打包为微信小程序，再用此账号登录到微信开发者工具，导入该项目就可以进行线上发布了。微信开发者工具下载的网址为 https://developers.weixin.qq.com/miniprogram/dev/devtools/download.html，选择最新稳定版即可，如图 12-23 所示。

稳定版 Stable Build (1.06.2306020)
测试版缺陷收敛后转为稳定版。Stable版本从 1.06 开始不支持Windows7，建议开发者升级Windows版本。
Windows 64 、 Windows 32 、 macOS x64 、 macOS ARM64

图 12-23　微信开发者工具下载页

使用微信开发者工具进行导入时需要填写对应的 AppID，如图 12-24 所示。

之后在微信开发者工具中单击“上传”按钮，在出现的上传界面中选择版本信息、版本号及相关提交信息，如图 12-25 所示。

图 12-24　微信开发者工具导入项目

图 12-25　将小程序上传到线上

　　填写完毕后单击"上传"按钮。之后回到微信公众平台小程序首页,选择"管理"→"版本管理",可以看到刚刚通过微信开发者工具上传的项目,之后在右边的新页面中单击"提交审核"按钮,如图 12-26 所示。

图 12-26　小程序提交审核

　　审核通过后发布的应用也可以在当前的版本管理页面进行查看,如图 12-27 所示。

图 12-27　小程序线上版本

审核通过之后手机会收到通知,之后就可以在微信小程序搜索到发布的应用了。

12.4　本章小结

本章首先简要介绍了 SSL/TLS 通信加密框架的相关基础知识,之后介绍了如何通过阿里云免费申请数字证书及如何将该证书集成进 Spring Boot 项目中让 HTTP 服务升级为 HTTPS 服务。之后介绍了如何申请小程序账号及小程序如何进行发布审核,相信读者已经有足够多的知识储备去使用 uni-app 技术完成小程序的编写及小程序的发布上线了。当然,uni-app 作为一款优秀的跨平台框架,其能力远不止如此。在学习完本书之后仍需要大量地进行练习及阅读官方文档才能真正地掌握并熟练运用 uni-app 技术。

图 书 推 荐

书　　名	作　　者
仓颉语言实战（微课视频版）	张磊
仓颉语言核心编程——入门、进阶与实战	徐礼文
仓颉语言程序设计	董昱
仓颉程序设计语言	刘安战
仓颉语言元编程	张磊
仓颉语言极速入门——UI 全场景实战	张云波
HarmonyOS 移动应用开发（ArkTS 版）	刘安战、余雨萍、陈争艳 等
公有云安全实践（AWS 版·微课视频版）	陈涛、陈庭暄
虚拟化 KVM 极速入门	陈涛
虚拟化 KVM 进阶实践	陈涛
移动 GIS 开发与应用——基于 ArcGIS Maps SDK for Kotlin	董昱
Vue＋Spring Boot 前后端分离开发实战（第 2 版·微课视频版）	贾志杰
前端工程化——体系架构与基础建设（微课视频版）	李恒谦
TypeScript 框架开发实践（微课视频版）	曾振中
精讲 MySQL 复杂查询	张方兴
Kubernetes API Server 源码分析与扩展开发（微课视频版）	张海龙
编译器之旅——打造自己的编程语言（微课视频版）	于东亮
全栈接口自动化测试实践	胡胜强、单镜石、李睿
Spring Boot＋Vue.js＋uni-app 全栈开发	夏运虎、姚晓峰
Selenium 3 自动化测试——从 Python 基础到框架封装实战（微课视频版）	栗任龙
Unity 编辑器开发与拓展	张寿昆
仓颉 TensorBoost 学习之旅——人工智能与深度学习实战	董昱
Python Streamlit 从入门到实战——快速构建机器学习和数据科学 Web 应用（微课视频版）	王鑫
Java 项目实战——深入理解大型互联网企业通用技术（基础篇）	廖志伟
Java 项目实战——深入理解大型互联网企业通用技术（进阶篇）	廖志伟
深度探索 Vue.js——原理剖析与实战应用	张云鹏
前端三剑客——HTML5＋CSS3＋JavaScript 从入门到实战	贾志杰
剑指大前端全栈工程师	贾志杰、史广、赵东彦
JavaScript 修炼之路	张云鹏、戚爱斌
Flink 原理深入与编程实战——Scala＋Java（微课视频版）	辛立伟
Spark 原理深入与编程实战（微课视频版）	辛立伟、张帆、张会娟
PySpark 原理深入与编程实战（微课视频版）	辛立伟、辛雨桐
HarmonyOS 原子化服务卡片原理与实战	李洋
鸿蒙应用程序开发	董昱
HarmonyOS App 开发从 0 到 1	张诏添、李凯杰
Android Runtime 源码解析	史宁宁
恶意代码逆向分析基础详解	刘晓阳
网络攻防中的匿名链路设计与实现	杨昌家
深度探索 Go 语言——对象模型与 runtime 的原理、特性及应用	封幼林
深入理解 Go 语言	刘丹冰

书　名	作　者
Spring Boot 3.0 开发实战	李西明、陈立为
全解深度学习——九大核心算法	于浩文
HuggingFace 自然语言处理详解——基于 BERT 中文模型的任务实战	李福林
动手学推荐系统——基于 PyTorch 的算法实现(微课视频版)	於方仁
深度学习——从零基础快速入门到项目实践	文青山
LangChain 与新时代生产力——AI 应用开发之路	陆梦阳、朱剑、孙罗庚、韩中俊
图像识别——深度学习模型理论与实战	于浩文
编程改变生活——用 PySide6/PyQt6 创建 GUI 程序(基础篇・微课视频版)	邢世通
编程改变生活——用 PySide6/PyQt6 创建 GUI 程序(进阶篇・微课视频版)	邢世通
编程改变生活——用 Python 提升你的能力(基础篇・微课视频版)	邢世通
编程改变生活——用 Python 提升你的能力(进阶篇・微课视频版)	邢世通
Python 量化交易实战——使用 vn.py 构建交易系统	欧阳鹏程
Python 从入门到全栈开发	钱超
Python 全栈开发——基础入门	夏正东
Python 全栈开发——高阶编程	夏正东
Python 全栈开发——数据分析	夏正东
Python 编程与科学计算(微课视频版)	李志远、黄化人、姚明菊 等
Python 数据分析实战——从 Excel 轻松入门 Pandas	曾贤志
Python 概率统计	李爽
Python 数据分析从 0 到 1	邓立文、俞心宇、牛瑶
Python 游戏编程项目开发实战	李志远
Java 多线程并发体系实战(微课视频版)	刘宁萌
从数据科学看懂数字化转型——数据如何改变世界	刘通
Dart 语言实战——基于 Flutter 框架的程序开发(第 2 版)	亢少军
Dart 语言实战——基于 Angular 框架的 Web 开发	刘仕文
FFmpeg 入门详解——音视频原理及应用	梅会东
FFmpeg 入门详解——SDK 二次开发与直播美颜原理及应用	梅会东
FFmpeg 入门详解——流媒体直播原理及应用	梅会东
FFmpeg 入门详解——命令行与音视频特效原理及应用	梅会东
FFmpeg 入门详解——音视频流媒体播放器原理及应用	梅会东
FFmpeg 入门详解——视频监控与 ONVIF＋GB28181 原理及应用	梅会东
Python 玩转数学问题——轻松学习 NumPy、SciPy 和 Matplotlib	张骞
Pandas 通关实战	黄福星
深入浅出 Power Query M 语言	黄福星
深入浅出 DAX——Excel Power Pivot 和 Power BI 高效数据分析	黄福星
从 Excel 到 Python 数据分析：Pandas、xlwings、openpyxl、Matplotlib 的交互与应用	黄福星
云原生开发实践	高尚衡
云计算管理配置与实战	杨昌家
HarmonyOS 从入门到精通 40 例	戈帅
OpenHarmony 轻量系统从入门到精通 50 例	戈帅
AR Foundation 增强现实开发实战(ARKit 版)	汪祥春
AR Foundation 增强现实开发实战(ARCore 版)	汪祥春